景观植物在城市绿地中的应用

史向民　主编

東北林業大學出版社
·哈尔滨·

图书在版编目（CIP）数据

景观植物在城市绿地中的应用 / 史向民主编. --2版. --哈尔滨：东北林业大学出版社，2016.7（2024.8重印）

ISBN 978-7-5674-0857-9

Ⅰ.①景… Ⅱ.①史… Ⅲ.①园林植物-应用-城市规划-绿化规划-研究 Ⅳ.①S68②TU985.1

中国版本图书馆CIP数据核字（2016）第158844号

责任编辑：戴　千

封面设计：彭　宇

出版发行：东北林业大学出版社（哈尔滨市香坊区哈平六道街6号　邮编：150040）

印　　装：三河市佳星印装有限公司

开　　本：787mm×960mm　1/16

印　　张：12.5

字　　数：224千字

版　　次：2016年8月第2版

印　　次：2024年8月第3次印刷

定　　价：50.00元

序

《景观植物在城市绿地中的应用》是一本科技专著。随着全国城市绿化的快速发展，各地园林部门引种了不少适于我国北方地区栽培的外地和外国的观赏树木，既美化了城市景观，又丰富了可观赏树木种类。其景观植物的不同组合产生的不同绿化效果，日益得到广大园林工作者的关注。如何全面了解、掌握植物特性，恰到好处地应用植物材料，最大限度的发挥景观植物的观赏效益、生态效益是本书的重点。

作者主要从指导实际工作的角度出发，从城市绿地规划、城市绿地分类等基础方面着手，结合作者多年的实践工作经验，从景观植物的树种分类、种植实用技术、应用方式、树种规划等方面共编写了八个章节，着重强调城市绿地植物配置的科学性、实用性，是对城市园林绿化发展的重要贡献。

本书论述严谨，从实际出发，可操作性强，是一本很好的园林工具书。

聂绍荃

2016 年 6 月

（聂绍荃：东北林业大学教授，博士生导师，资深植物学专家）

前　言

随着我国城市绿地建设的快速发展，城市市政建设水平的不断提高，对环境保护、环境改善、环境美化的要求也越来越高。绿化作为改善城市环境质量最有效的手段，可以用广泛种植的各类植物材料创造优美宜人的生活环境。

景观植物是园林绿化的主体，是构成多彩环境的物质材料，依其树姿、叶色、花果季相变化构成美丽的景色，创造丰富多彩的园林空间，供人们游憩、观赏。

景观植物种类繁多，姿态各异，只有全面掌握其形态、生态、栽植和应用的特性，才能更好地发挥观赏树木的观赏作用和生态作用。为此，作者将在长期的生产实践中总结的一些经验归纳、整理后，编写了《景观植物在城市绿地中的应用》一书，较系统地介绍了以东北地区为主，用于园林绿化的各类景观植物。

东北地区处于我国的温带，此气候条件下分布着大量的木本植物。但由于各种原因，在园林绿化的生产实践中能够广泛应用的品种并不多，给人的感觉是东北地区树木品种单调，冬季景观暗淡；另外，随着近年来各地城市对绿化的重视，急于求成现象有之，大树移植作为特殊园林景观创造的一个特殊种植形式，如今在个别地区则变成了常规种植方式；还有一种现象就是少数园林绿化工作者对景观植物的生物学特性了解甚少，导致植物配置效果差，影响了城市绿地景观的形成。基于上述情况，作者本着原则性、灵活性原则，结合日常工作情况，按不同的园林应用方式、景观植物的分布区域和种植形式，分别加以叙述。并配以彩图、简图，力求达到图文并茂，可操作性强这一编写宗旨。本书融科学性、知识性、实用性为一体，是广大园林工作者理想的工具书。

作者

2016 年 6 月

目　　录

1 人类生活与景观植物

人类生活在现代社会，是居住在一个“人为”的环境——城市中。人们在城市里生活、工作、游戏、繁衍后代……。人们用自己的力量来改变和解决生活上的种种问题，因此我们称现代的生活环境是一个都市化的环境。

纵使人类是生活在现代的环境中，维持生命的一些法则仍如同几百万年前一样古老不变。在自然界中，维持生命的“能”，是来自太阳；有叶绿素的生物（绝大部分是植物），从太阳中吸收能量、将大气和土壤中的无机元素转变为有机的糖类，将来自太阳的能贮藏在化学键中。草食动物吃了这些植物来维持他们的生命，作为它们赖以生存的源泉。不论是动物或植物都有它们生命终止的一天，那些腐朽败叶和动物的死尸，经过细菌的分解，来自太阳的能量被释出，作为维持细菌生命的能量，而构成生物体的水、二氧化碳、氮、磷、硫等物质又回归大地（大自然）。这个过程就是自然界中能量和物质的相互转化。

几百万年来人类生活在绿色大自然的保护下，架树木为巢，逐水草而居，打猎捕鱼，直到第一粒种子落地发芽，生长结实。人类发展了农业，建立了城市的雏形，开始创造属于自己的生活环境。

随着不同发展阶段，各国城市化进程加快，城市已成为“城市沙漠”。文明发展的复杂化迫使人们对于各种事物采取一种客观的、可计量、可相比较的态度来评价。传统上以主观的、美学的观点来加以评价的植物，就往往因为难以估量其价值而被忽略了。于是植物在城市中被严格破坏，残存的少数几棵树也只能委屈的生活在电线之下，各种管线和排水沟之间。城市沙漠中出现了种种的问题：空气污染、噪音扩散、山坡地土壤冲刷、温度的变化令人不舒适，气候形态改变而有旱灾、水灾、户外空间缺乏私密性、生活环境失去了盎然的气机。这些问题的产生、迫使人类对文明初期的大自然重新加以评估，而认清了植物的种种功能。

由植物的机能来看，在环境设计上，我们可以将植物分类、评价，用来解决一些环境上的问题。

植物材料可以像建筑材料一样应用在空间设计上，如石材、钢筋、混凝土、砖块一样来提供私密的空间，形成屏障、引导视线，或连结空间、组合空间。

植物可以阻挡风霜雨雪、引导风向、遮蔽阳光，调解气温。

植物可以解决工程上的问题，阻挡反光、过滤空气、控制声波的传送、防止土壤流失、引导交通路线。

植物可陪衬庭院的主景，可视为一件活生生的雕刻品，可作为单调墙面的装饰，可作为建筑物的背景，可引来虫鸣鸟叫，可柔化建筑物的生硬线条。

这些在空间构成上的、气候上的、工程上的、美学上的应用，就是园林景观植物在环境设计上的功能体现。

2 景观植物及设计概述

2.1 景观植物定义

园林景观植物是园林树木、花卉、地被、草坪的总称，就其本身而言是指有形态、色彩、生长规律的生命活体，是设计者进行园林植物景观设计的元素，又是一个象征符号。园林景观植物作为景观材料分为乔木、灌木、藤本植物、花卉、草坪及地被六种类型。

2.2 景观植物的功能

2.2.1 降低噪音

目前我国城市化进程在加快，城市环境中的噪音污染也随着城市的繁荣而带给人无尽的烦恼。

植物造景、城市片林模拟自然林带可以减弱噪音的干扰。有关科学实验证实，公路上种植 20 m 宽的多层行道树的隔音效果，噪音的减弱量大于 5 ~ 7 dB；18 m 宽的圆柏、雪松林带噪音减弱量大于 9 dB。

我国北方较好的隔音树有桧柏、垂柳、云杉、核桃楸、女贞等。

2.2.2 改善空气中的含氧量

植物的一个重要特性是："换气功能"。植物在光合作用下可以吸收利用二氧化碳放出氧气，在改善环境空气方面可以起到一定的作用。

据科学调查得知：一个体重 75 ~ 80 kg 的人每天需呼吸氧气 0.75 ~ 0.80 kg，排出的二氧化碳为 0.9 kg。10 000 m^2 的森林每天可消耗 1 000 kg 的二氧化碳、放出 750 kg 氧气，所以根据这样推算，每人拥有 10 m^2 的树林，才可以满足对氧气的正常需要。

城市绿地中的景观植物是环境中氧气与二氧化碳的浓度的调节者。植物在光合作用时，呼出氧气，消耗空气中的二氧化碳。可见绿色植物对改善城市环境和空气质量有着不可估量的作用。

2.2.3 改善空气质量

很多植物还可以分泌杀菌素。

城市空气中常因工业的原因含有毒物质，有的植物叶子可以将其吸收或解毒，减少空气的有毒气体。树木的叶子还能滞尘，像滤尘器一样，使空气清洁。大片的草坪可以减尘，尤其可以减少灰尘的重复二次污染。

2.2.4　调节温度

植物通过叶片遮阳、散热，不但减少地面铺装材料对光和热的反射，达到调节温度的作用。当阳光照射到树上时，有20% ~25%被叶面反射，有35% ~75%被树冠所吸收，有5% ~40%透过树冠投射到地面，另外植物蒸腾也可以降低周围气温，因此说植物具有一定的调节温度的功能。

2.2.5　贮藏水源

植物在水文环境中扮演了一个重要的角色。植物截住降水、吸附降水、过滤降水、改变周围环境的湿度，同时保持土壤中的水分、蒸发水分，调节温度，使得周围的气候舒适而适合人类生活。

2.2.5.1　植物与降雨

植物截住雨水的量，主要视树冠叶簇形成的构造而异。雨水落在树上时，树的枝叶吸附住雨水，一直到饱和，雨水下落于地面。因为针叶树密集的叶簇构造形成许多角度，能吸附较多的水分，因此针叶树林下的落雨量只有60%，阔叶树的叶片较宽平，留住的雨水较少，因此林下的落雨量有80%。这种叶簇的构造不仅吸附住降雨，同时对于土壤中蒸发上来的水分也同样有阻滞作用，可以增加大气中的湿度。由于雨水落于植物体后再落下地面，因此延长了水分在大气中停留的时间，可以调节瞬间降雨量、减少对土壤的冲蚀。植物生长周围土壤中有机成分会增加，使得土质松软、增加保水力。

2.2.5.2　植物与雾、露

雾和露均为大气中水分的凝结，雾在遇见植物的阻挡时，凝结在树叶的上下表面和针状叶的针上，然后才变为水滴降落下来，只有顶梢有树冠而下部没有分枝的树对凝结雾水最有效。露水通常也是凝聚在树冠上，树下可以避免露水的沾湿。如果露水凝聚得很重了，也会像雨一样的降下来。

2.2.5.3 植物与降雪

雪片是随着气流而飘落，防风植物带能减低风速，因此可以控制飘雪降下的位置。植物的阴影能使得北边的雪因为受不到太阳的照射而融得较慢。这种设计对于滑雪场地是很有用的，在树林底下的土壤因为表面有腐叶的覆盖，则外界的温度变化不易影响到地表，结冰层的下限也会因此而下降，雪的融解也会较慢。

2.2.6　控制风蚀

由于风吹过干燥、裸露的地表，使肥沃的表土以尘土的形态被吹起而移积它处，此即为风的侵蚀作用。风速平缓时，较小、较轻的土粒被吹起呈尘埃状悬浮于空中；风速较大时，则小卵石般大的土粒也会被吹至空中，而太大的粒子在风速减弱时再度落下并受风力而滚动，摩擦地表而又使表土松动，更加速了土壤的侵蚀。

植物的防风蚀作用：

植物的叶、枝、干及根均有不同程度的防风性能。

①叶浓密或针叶树：当风吹过植物时可造成良好的防风屏障。

②枝条密集或分枝点低的树：可控制并减弱接近地表的风速。

③枝干多或树皮粗糙的树：可将风打散而降低风速。

④须根着生于表土且量多的树：可有效的固着表土使其不被风吹走。如草坪及地被植物。

2.2.7 控制交通

2.2.7.1 控制交通路线

风景区或公园内的道路系统，如汽车道、自行车道、人行步道等道路网，如人体内血液的循环，控制着区内活动的进行。交通路线的控制可以采用绿篱、栅栏、柱子、绳饰等材料，但若使用不当则常会破坏自然景观，而以植物栽植来引导交通方向，美化环境。

2.2.7.2 控制车祸的发生

怀特（Anderew · J White）曾针对此项加以研究，并提出一系列的撞击试验以评估野蔷薇控制车祸的效能，发现野蔷薇的茎具有弹性，每英寸可忍受60磅的拉力，而普通汽车的穿透力每英寸仅为39～43磅，因此当汽车撞击到野蔷薇时，损坏极少且无人受伤。根据上述试验得知，具弹性枝条的植物和较硬枝条的植物适当栽植于公路边，可以减轻车祸的程度。

2.2.8 控制强光

现代人可谓居住于“金光闪烁”的世界里，建筑物、汽车、街道等设施皆会反射日光，而夜晚的路灯、霓虹灯甚至车灯亦让人们视觉上不舒适。因此许多遮阳材料如铝类、玻璃纤维等皆应运而生；围墙及遮阳板也为遮阳而设计，但这些材料及设计往往有造价高、感觉生硬及缺少自然类等缺点，采用植物遮光则不但可控制光线并可改善上述缺点。依光线射至人体的过程不同，约可分为直射光及反射光两类，分述如下。

2.2.8.1 直射光

所谓直射光即指光源直接射至人体的光。光源直射大地时，受大气中障碍物阻挡而散射，致使受光者被光包围。日间的直射光源为日光，夜间的则有建筑物，街道、车灯、霓虹灯、照明灯、烟火及探照灯等。

2.2.8.2 反射光

所谓反射光系指光源经过他种物质而反射至人体者。反光物有自然的及人为的，自然的如水、沙、麦田、岩层，人为的则如玻璃、金属、镀铬板、油漆等建材及混凝土、石板或其他铺面材料。

2.2.8.3　景观植物用于减弱直射光及反射光

（1）植物减弱直射光

①选择适当高度及密度的植物栽植于光源受光者之间。

②将植物栽植于东窗及西窗前以防晨光及午后阳光射入卧室而令人不适。

③公路绿带的栽植可控制清晨与傍晚阳光射至驾驶人员的眼睛。

④阻隔夜间稳定的直射光、高光或移动光源，可将植物靠近受光者而栽植它。

（2）植物减弱反射光

①将植物栽植于光源与反光物之间或反光物与受光者之间；但有时无法栽植于光源与反光物之间时，则宜将其栽植于反光物与受光者之间。

②日光与反光物间的入射角是与季节及太阳起落有关，宜根据入射角以配置适当的植物位置。

③汽车的金属及玻璃物或停车场的反光，也可审慎的配置植物以减弱它。

④以植物栽植阻挡水面反光有所困难或会破坏景观时，可利用植物产生微风，使水面造成涟漪而减少反光。

⑤人工铺面皆为高度的反光体且经常临近水面以致相当刺眼，可多植质重感质的浓绿遮荫树加以缓和，形成舒适的休憩赏景区。

2.3　景观植物分类

园林景观植物是具有独立观赏价值的园林树木及花卉的总称。按照园林应用的分类方法，园林树木一般分为乔木、灌木、藤本三类；按照树木的观赏特性分类，一般分为观形树木类、观叶树木类、观花树木类、观果树木类、观枝干树木类、观根树木类；按照树木在园林绿化中的用途分类，一般分为独赏树、遮荫树、行道树、防护林、林丛、藤本、绿篱、地被植物、抗污染树种；按照园林树木经济用途分类，一般分为果实类、淀粉树类、油料树类、木本蔬菜类、药用树类、香料树类、纤维树类、乳胶树类、饲料树类、薪材类、观赏装饰类及其他经济用途类。

2.3.1　园林景观植物及其观赏性

在植物造景中，树木姿态是园林植物景观的观赏特性之一，它对园林景观起着巨大的作用，在园林植物造景的构图和布局中，它影响着统一性和多样性。多姿多彩的树种给人以不同的感觉，或平静优雅或高耸入云，或起伏或苍劲等。通常景观植物姿态在园林景观设计中的作用为：

2.3.1.1　突出地形特点

例如在低洼地的土丘顶部配置以尖塔形植物则起到烘托小地形的起伏感；而在山基配植以矮小、匍匐植物同样可增加地形的起伏感。

2.3.1.2　突出植物特点

通过精心的植物配置，可以产生不同的层次感和色彩的韵律感，突出植物景观效果。如在广场后方的通道两旁各栽植一株树形高耸的乔木一株，这样就可以强调主景之后又引出新的层次。

2.3.1.3　突出植物外形的特点

姿态独特的景观植物单株宜孤植点景，可以作为视觉中心、拐角强度的标志。不同形状的树木可以产生不同的园林景观效果。如在广场上、草坪、庭前的单株孤植树更可说明树形在美化配置中的巨大作用。

园林植物姿态各异，常见的树木的形状有柱形、塔形、伞形、圆球形、半圆形、卵形、匍匐形等，特殊形状有曲枝型、垂枝形、棕榈形、芭蕉形等。

2.3.1.4　树木姿态的应用

①植物姿态随着季节及年龄的变化而具有较大的不确定性。在设计时应采用树种景观效果的姿态作最优先考虑。如黑松、油松，树龄越大姿态越奇特，老年油松则更是“亭亭如伞盖”。

②景观以植物姿态为构图中心时，注意把握人与不同姿态植物的重量感。一般经修剪成规则形状，如球体的植物，在感觉上显得很重，具有浓重的人工气息，而自然生长的植物感觉较轻，给人以奔放、自由的意境。

③注意单株景观植物与群体植物群之间的关系。群体植物群的效果会掩盖单体的独特景象，如想表现景观植物总体效果，应避免同类植物或同姿态植物的群体种植。

④太多不同姿态的植物不宜种植在一起，否则给人杂乱无章的感觉，而具有相似姿态的不同种类配置在一起，却既有变化又显得统一，相互协调性好。

2.3.2　园林景观植物的观赏特性

景观植物作为园林绿化的主体各部分都具有较强的观赏性，着重在以下几方面：

2.3.2.1　叶的观赏性

植物的叶形千姿百态，有针叶类、条形类、披针形类、圆形类、卵形类、椭圆形类、掌状类、三角形类、奇异形等；叶的质地有革质、纸质、膜质等；叶的色彩有极大的观赏价值，叶的颜色丰富，大致可分为以下几类。

绿色类：绿色虽然是植物的本身颜色，但有嫩绿、浅绿、鲜绿、浓绿、黄绿、墨绿、灰绿等差别。将不同绿色的树木搭配在一起，能形成色彩的变换。例如在暗绿色针叶树丛前，配植黄绿色树冠，会形成满树黄花的效果。

秋色叶类：秋季叶是有显著变化的树种，在植物配植时要重点考虑这类树木的应用，尤其在中国北方地区，秋季色彩丰富的秋叶（以红色为主），会给深秋的北方带来活力。北方秋色叶类以色木槭、茶条槭、鸡爪槭、五角枫、地锦类、花楸、白桦、火炬树、山楂等为主。

常色叶类：指树木的变种或变型，其叶常年均呈异色，称为常色叶树，如紫叶小檗、紫叶李、紫叶黄栌；呈红色的植物有三色苋、红枫等。

双色叶类：某些树种其叶背与叶表的颜色显著不同，在微风中就形成特殊的效果，这类树种称为"双色叶树"，如银中杨、胡颓子、栓皮栎等。

斑色叶类：在植物叶片上有其他颜色的斑点或花纹，紫叶李、紫叶小檗、红枫、新疆杨、银白杨等。

2.3.2.2　花的观赏性

花是植物重要的观赏特性之一，暖温带及亚热带的树种，多集中于春季开花，因此夏、秋、冬季及四季开花的树种显得较为难得。在花序、花形之外，花色效果是最主要的景观要素。花色变化极多，基本花色如下：

红色系花：海棠、桃、杏、梅、樱花、李、玫瑰、锦带花、合欢、榆叶梅、木棉、山茶等。

黄色系花：连翘、黄刺玫、金雀锦鸡、金缕梅、桂花等。

蓝色系花：紫藤、紫丁香、木兰、杜鹃、裂叶丁香、蓝丁香等。

白色系花：白丁香、山梅花、女贞、鸡树条荚蒾、珍珠梅、白杜鹃、刺槐、绣线菊、梨、珍珠山梅花等。

①花的芳香。花的芳香大致可分为清香、幽香。不同的香气会对人引起不同的反应。香花植物的欣赏是通过鼻子嗅觉进行的，因此是一个静态的过程，在炎热夏季最好的香花植物应数荷花，清香淡雅，闻之令人百暑全消。

②花相。园林景观植物的花相，从树木开花时有无叶片的生长存在而言，可分为"纯式"、"衬式"。前者指在开花时，叶片尚未展开，全树只见花不见叶的一类，故为"纯式"，即先花后叶；后者则在展叶后开花，全树花叶相衬，故为"衬式"。纯式以榆叶梅、连翘为典型树种，衬式以鸡树条荚蒾、多季玫瑰为典型树种。无论纯式还是衬式，花序的形式很重要，虽然有些种类的花朵很小，但排成庞大的花序后，反而比具有大花的种类还要美观。例如，小花溲疏的花虽小，但比大花溲疏的效果还好。花的观赏效果，不仅由花朵或花序本身的外形、颜色、香气而定，而且还与其在植物上的分布、叶簇的陪衬关系以及着花枝条的生长习性密切有关。花或花序着生在树冠上的整体表现外

貌，称为“花相”。

2.3.2.3 果的观赏性

许多树木的果实既有很高的经济价值，又有极丰富的观赏价值。园林中为了观赏的目的而选择观果树种时，大都须注意形与色两方面。果实奇特的如腊肠树、眼睛豆、神秘果等。巨大的果实如柚、木瓜等，很多果实色彩鲜艳。紫色的有紫珠、葡萄；红色的如小果冬青、东北接骨木、花楸；白色的如珠兰、红瑞木、玉果南天竹等。黑色的如水腊、刺五加、鼠李、常春藤、金银花、黑果忍冬等。

果园周边忌种的树木有：

①桧柏、龙柏、塔柏等柏科树：柏树是梨锈病病菌的越冬寄主，次春梨树展叶后，病菌孢子就随风传播，散落在梨树的嫩叶、新梢、幼果上，使梨树发病受害，以后病菌孢子又随风带到附近的柏树上越冬。梨园周围种了这些柏树，梨锈病就会年年在梨树和柏树上循环侵染，往复不断，防治不绝，从而加重对梨树的侵害。

②刺槐：刺槐分泌的鞣酸类物质能显著地抑制苹果、梨、柑橘、李等果树的生长发育，影响结果；同时刺槐易发生的落叶性炭疽病，又同样危害这些果树，造成大量叶片感病和落叶。所以，苹果、梨、柑橘、李子等果园周围，不能种刺槐，更不能用刺槐作绿篱。

③榆树：榆树的分泌物对葡萄有较强的抑制作用，凡榆树根窜到的地方，葡萄结果很少或不结果，严重时甚至导致葡萄树死亡；同时榆树又是柑橘星天牛和柑橘褐天牛的寄主，凡橘园附近种有榆树，橘园中这两种天牛就发生严重。

④桐树和泡桐树：桐树和泡桐树是苹果紫纹羽病的寄主。这种病主要危害苹果根系，使根系腐烂，轻则削弱树势，影响产量和果树寿命，重则导致全株或全园毁灭。所以苹果、花红园周围不能种桐树和泡桐树。

此外，梨和苹果不能混植一园，也不能隔得太近，因为梨树是苹果锈病的带毒寄主，会把这种病毒传给苹果树，使苹果发病；桃和梨、苹果也不能混栽，因桃子先熟，梨和苹果后熟，食心虫、梨食蝇和桃蚊螟的第一代幼虫会蛀食桃子，第二代幼虫蛀食梨和苹果，如这三种果树混栽一园，就为它们的每代幼虫提供了丰富而连续的食物，危害加重；苹果树与樱桃树相克，共栽一园，互相都受到抑制，两者都长不好；还有，核桃园中不能种其他果树，其他果园四周也不能种核桃楸，因核桃楸树分泌的“胡桃醌”，被其他果树和植物吸收后，就引起细胞壁分离，破坏细胞组织，轻则影响生长，重则导致植株枯萎而死。

2.3.2.4 园林景观植物的枝、干、树皮、刺毛、根脚及其观赏特性

（1）枝。乔、灌木枝干也具重要的观赏特性，可以成为冬季主要的观赏对象，除因生长习性而直接影响外形外，其颜色亦具有一定的观赏意义。尤其是当深秋叶落后，枝干的颜色更为醒目。对于枝条具有美丽色彩的树木，特称为观枝树种，如酒瓶椰子树干如酒瓶；白桦等枝干发白；红瑞木、青藏悬钩子、紫竹等枝干红紫；梧桐、青榨槭及树龄不大的青杨、毛白杨枝干呈绿色或灰绿色；山桃、稠李的枝干呈古铜色。

（2）树干、树皮。树干具有观赏性的大多是乔、灌木，乔木的树干、树皮的形、色也很有观赏价值。以树皮的外形而言，可分为如下几个类型：

①树干、树皮的形态：

光滑树皮：

树皮表面平滑无裂，许多青年期植物的树皮大抵均呈平滑状，如山茶、紫薇等。

横纹树皮：

表面呈浅而细的横纹状，如山桃、桃、樱花等。

斑状树皮：

表面呈不规则的片状剥落，如白皮松、悬铃木、灯台树等。

丝裂树皮：

表面呈纵而薄的丝状脱落，如低树龄期的柏类。

粗糙树皮：

表面既不平滑，又无较深沟纹，而呈不规则脱落的粗糙状，如云杉、硕桦等。

针刺状：刺槐、皂荚、柑、橘、月季、蔷薇、玫瑰等。

②树干、树皮的色彩：

树干的皮色对美化配植起着很大的作用。例如在城市街道上用白色树干的树种，可产生极好的美化路宽的实用效果。而在进行丛植配景时，也要注意树干颜色之间的关系，干皮有显著颜色的树种举例如下。

暗紫色：紫竹等。

红褐色：马尾松、山桃等。

黄色：金竹、黄桦等。

灰褐色：一般树种多为此色。

绿色：梧桐、竹子等。

白或灰色：毛白杨、胡桃、悬铃木、白桦、白皮松、银白杨、核桃等。

（3）刺毛。很多植物的刺、毛等附属物也有一定的观赏价值。红毛悬钩

子小枝密生红褐色刚毛，并疏生皮刺；峨眉蔷薇小枝密被红褐刺毛，紫红色皮刺基部常膨大，其变形翅刺极宽扁，常近于相连而呈翅状，幼时深红、半透明，尤为可观。

（4）根脚。根脚即植物根部露出地面的部分，也有一定的观赏价值，以其自然形态或加工形态独成景观。一般植物达老龄后，均或多或少地表现出根部的美。这方面效果突出的树种有松、榆、楸、榕、山花、银杏、落叶松等。还有几种赏根种类，如帚状的樟树、根出状的黑松、榕等，条纹状的无患子、七叶树等，钟乳状的银杏、紫薇等。

2.3.3 乔木在园林中的造景功能

乔木是景观植物营造环境的骨干材料，有明显高大的主干、枝叶繁茂、绿量大，生长年限长，景观效果突出，所以熟练掌握乔木在园林中的造景方法是决定植物景观营造成败的关键。

2.3.3.1 乔木的主要类型及观赏特点

乔木以观赏特点为分类依据，可将乔木分为常绿类、落叶类、观花类、观叶类、观枝干类、现树形类等。

（1）常绿类

常绿树木叶片寿命长，一般在一年以上至多年，每年只有少部分的老叶脱落、才能增生新叶。新老叶交替不明显，不随冬季的到来而落叶，因此全树终年持续有绿色，呈现四季常青的树木景观。常绿树又可分为常绿针叶类和常绿阔叶类。

①常绿针叶类：此类树种是北方冬季绿化的主要树种，如油松、雪松、白皮松、黑松、华山松、云杉、冷杉、南洋杉、圆柏、侧柏、香柏等。

②常绿阔叶类：暖温带地区具有的常绿树种，如榕树、樟树、广玉兰、厚皮香、枇杷、山茶、女贞、桂花等。

常绿阔叶树树体高大，一年四季叶色浓绿，园林应用十分广泛，特别是许多常绿阔叶树如樟树、榕树等冠大荫浓，是良好的庭荫树和独赏树种。在我国长江流域及其以南地区因气候温暖湿润，常绿阔叶树种类很多，冬季也不感到景色有太大的变化，是真正的四季常青。

常绿树种做为园林景观的主要绿色植物常常表现为以绿取胜，受到广泛的重视和应用，但常绿树种在景观营造方面也存在一些不足，与落叶乔木相比显得单调、绿色期持续，没有明显的季相变化；另外在长江以南地区由于常绿阔叶乔木由于冬季不落叶，使下层植被缺乏阳光，从而造成阴凉之感，使人情绪烦闷。而在北方城市园林常用的常绿树为针叶树、树冠塔形居多，冬季受干旱、尘埃影响，针叶树往往呈灰绿色，也难以表现“常绿的”效果，四季常青在中国北方的表现冬季不是很理想。

(2) 落叶类

植物为适应低温环境，随着秋、冬季的来临，许多树木落叶进入休眠期。落叶类乔木包括落叶针叶树类和落叶阔叶树类。

①落叶针叶树类：落叶松、水松、水杉、金钱松、落羽杉等。

②落叶阔叶树类：银杏、梧桐、毛白杨、旱柳、垂柳、国槐等。

落叶树木随着一年季节变换，呈现不同的季相，从早春抽芽、发芽、展叶，又伴有鲜艳的花朵，到雨水充足的夏季，明媚的阳光使树冠郁郁葱葱，正好为人遮荫；进入秋凉时节，叶色变化或红或黄，使人赏心悦目；来到冬季严寒之时，叶子的脱落又使日光通透。所以落叶树木具有常绿树种所不具备的观赏价值，不仅给人提供观叶、观花、观形的多方位的观赏点，而且让人深刻体会到多变的美感，这种节律性变化的季相美，与人的生理、心理状态变化相契合。落叶乔木树种是温带园林中应用最广、效果最理想的景观植物材料，也是行道树、庭荫树及孤植树的主要材料。

(3) 观花类

园林树木的花朵形状多样，颜色各异，姿态优美层出不穷。许多树木的单花，又常排列成各样的花序，由于这些复杂的构成形式，形成了树木的不同观赏效果。加上乔木树种株体高大，一旦全树开花，必然异常妩媚。如榆叶梅、樱花、木棉等树种，早春先叶开放，如火如荼，效果极佳。

观花乔木按花色可分为以下四类：

红色花系：如山茶、合欢、木棉、毛刺槐、樱花、紫荆、石榴、刺桐等。

黄色花系：如腊梅、台湾相思、栾树、月桂、金链花等。

白色花系：如白玉兰、山楂、秋子梨、山梨、文冠果、山荆子、刺槐、白兰、杜梨、暴马丁香等。

蓝紫色花系：如紫花泡桐、紫荆、无患子等。

观花乔木的观赏特性与其开花的数量、花的形态、花的大小及花期长短均有较大的关系。花大色艳、花期较长的观花乔木极易构成视觉焦点，尤其是早春先花后叶的种类具有更强的渲染效果，植于庭院、公园、街道或点缀山石、河流旁，都能产生良好的观赏效果。

(4) 观叶类

树木的叶片极其丰富、大小不一，叶的质地也有很大差别，能产生不同的质感和观赏效果。例如革质叶、纸质、膜质的叶片，粗糙多毛的叶片等。固叶片的这些特征可被利用来营造出不同的观赏效果，而最有表现力的则是叶片的形状和丰富的叶色变化。

（5）观果类

目前园林中应用的观果乔木种类尚不是很多，今后的发展方向是观果类乔木，为园林绿化和景观营造增添光彩。许多果树和经济林树种都可以考虑引入园林景观，营造硕果累累的丰收气氛。

现依果的色彩将观果乔木种类列举如下。

红色类：如苹果、桃、李、山楂、樱桃、花红、火炬树等。

黄色类：如银杏、柏、甜橙、梨属、无患子、杏等。

黑紫色类：如女贞、樟、鼠李、水腊、刺楸等。

（6）观枝干类

乔木树种的枝干具有较好的观赏效果，尤其在深秋的落叶季节，枝干就成了树木的主要观赏部位，对冬季景观营造具有重要作用。不同形态、不同色彩的枝干具有不同的观赏效果，可应用于园林中的观枝干类乔木有梧桐（干皮光滑、绿色）、山桃（干皮红色有泽、树皮横纹状）、山杏（枝条、红色）、白皮松（树皮白色、片状剥落）、白桦（树皮白色、光滑）、核桃楸（幼年树皮光滑灰色，老年有纵沟）、酒瓶椰子（树干膨胀大呈瓶状）。

（7）观树形类

乔木的树形是植物造景中构景的主要元素之一，对园林景观的创造产生巨大的作用。树形优美的树种可以孤植于草坪、广场或庭院，形成独立观赏的景点。

2.3.3.2　乔木在园林中的应用原则

园林植物的配植千变万化，不同地区、不同场合、不同用途，可有多样的组合与种植方式；植物不同的生长时期所表现的生物特性也不一样，因而植物的配植是个工作量相当大而且复杂的工作，只有具备广博而全面的学识，才能做好植物配植工作。乔木是种植设计中的基础设计，若树种选择和配置得合理就能形成整个园景的植物景观框架。大乔木遮荫效果好，可以屏蔽建筑物等大面积不良视线，而落叶乔木冬季能透射阳光。中小乔木宜作背景和风障，也可用来划分空间、框景，它尺度适中，适合作文景或点缀之用。

植物配置中应考虑以下几方面的因素：

①植物是具有生命的有机体，它有自己的生长发育特性，同时又与其所生存的生境间有着密切的生态关系，所以在进行配植时，应以其自身的特性及其生态关系为基础来考虑。

②在非常重视植物习性的基础上又不完全绝对化的受其限制，而应有所创造地考虑。

③植物具有美化环境、改善防护及经济生产等三方面的功能，在进行配植

时应明确该树木所应发挥的主要功能是什么。园林绿地除了具有综合功能外，在综合中总有主要的目的要求，因此在进行树木配植时应首先着重考虑满足设计者的要求。

④在满足主要目的要求的前提下，应考虑如何配植才能取得较长期稳定的效果。

⑤考虑以最经济的手段获得最好的效果。

⑥考虑植物配植效果的发展性、时间性以及在变动中的措施。

⑦特殊情况下，应有创造性，不必拘泥于树木（植物）的自然习性，应综合现代科学技术措施来保证树木配植的效果符合主要功能的要求。

一个城市是不是真正实现了现代化，一个重要的标准是是否实现了生物的多样性和有无大量符合本地特点的乡土植物。目前，虽然全国大部分城市普遍重视园林绿化，但是从总体上来讲，水平和认识程度还参差不齐，有的还比较落后，以至严重影响了园林绿化效果。例如，有的地方忽视树木是活的有机体，初植时尽量密植，植后的养护措施跟不上，生长不良、树冠不整、高低粗细杂乱无章，达不到美化要求；有的地方不知植物需要配植，降低了园林绿化水平；有的地方还将园林绿化与植树造林完全等同起来，因而降低了配植水平。

总之，园林树木种类繁多，形态、习性各异，其配置千变万化，加上树木是活的有机体，在生长发育的过程中呈现出动态变化，能够产生多种多样的景观组成形式。

2.3.3.3 乔木的其他作用和树体防护

乔木除了自身的观赏价值外，对其他景观的营造有很大的作用。乔木是园林绿化的骨架，骨架成功，则为整个景观的构建奠定了基础。另一方面，高大的乔木也为其他植物的生长提供了生态上的支持。例如草本植物八仙花、玉簪、吉祥草等需要在适当遮荫的条件下才能生长良好，全光照下容易灼伤或生长不良，乔木下栽植这些植物，就成了最为理想的选择。还有如鹿角蕨等需要附生在乔木上生长，乔木的枝干就成了它们生长的“土壤”。而依附乔木坚实的躯干“向上爬”更是许多藤本植物的习性。

城市中植物生长环境条件相对较差、人为破坏大，不利于树木的生长和景观植物功能的发挥，特别是城市行道树，对树体采取保护措施就很有必要。主要办法是用围栏围住树体，或对于树穴用落叶、木屑、卵石覆盖，既可保持土壤水分，又可改善土壤结构。人流特别集中的路段最好用铁篦子将树穴罩住，以免过多地践踏，同时在北方寒冷地区，要对个别树种搭风障进行保护，以防冻害。

2.3.4 灌木在园林中的造景功能

2.3.4.1 灌木分类

灌木通常指具有美丽芳香的花朵、色彩丰富的叶片或诱人可爱的果实等观赏性状的灌木和观花小乔木。这类树木种类繁多，形态各异，在园林景观营造中占有重要地位。根据其在园林中的造景功能，可分为观花类、观果类、观叶类、观枝干类等。

（1）观花类

这是灌木中种类最多、应用最广、观赏价值最高的一类，历来深受人们的喜爱。这类灌木的花为主要观赏部位，花色、花型和花香都有许多变化，能够产生不同的观赏效果。有的花大色艳，给人以热情奔放的感受；有的花朵细碎淡雅，使人感到温馨宁静，更有的花香沁人心脾，令人心旷神怡。

①红色花系类：如榆叶梅、杏、梅花、毛刺槐、紫荆、胡枝子、木槿、麦李、红丁香、大红锦带花、紫薇、山茶、夹竹桃、一品红、扶桑、月季、玫瑰、海棠花等。

②黄色花系类：灌木主要有迎春、连翘、黄刺玫、朝鲜小檗、金老梅、腊梅、鸡蛋花、黄槐等。

③白色花系类：灌木主要有白丁香、太平花、大白花杜鹃麻叶绣球、鸡树条荚蒾、金银木、白鹃梅、茉莉、银老梅、稠李、珍珠花、六月雪、白花夹竹桃、毛樱桃、白山茶、白牡丹。

④兰紫花系类：主要有紫丁香、醉鱼草、波斯丁香、紫玉兰、紫珠等。

⑤花朵芳香类：很多灌木的花都有或浓或淡的香味，其中比较著名的有茉莉、含笑、白兰、桂花腊梅、米兰、丁香、玫瑰等。

（2）观果类

①红色果类：枸棘、火棘、金银木、小檗类、毛樱桃、郁李、麦李、枸骨、忍冬、接骨木、荚蒾、扁桃木、卫矛、海棠果、冬青、南天竹。

②黄色果类：如金橘、枸橘、沙棘、无花果、海棠花等。

③蓝紫色果类：如紫珠、小紫珠、十大功劳，阔叶叶十大功劳等。

④黑色果类：小叶女贞、黑果忍冬、黑果□子等。

⑤白色果类：红瑞木、湖北花楸、陕甘花楸等。

（3）观叶类

①春色叶类：这类灌木早春发出的新叶具有显著不同的叶色，大部分嫩枝叶为紫红色、淡红色、金叶山梅花、新叶金黄色。

②秋色叶类：秋季落叶之前随着温度的降低，叶色呈现显著的变化。卫矛秋叶猩红色，南天竹秋冬叶色变红，朝鲜小檗秋叶变红色，小檗秋叶变红色，

美国香槐秋叶金黄。

③彩色叶类：生长季节内叶色始终保持绿色以外的其他色彩，或在绿色叶片上有各色斑点、条纹。如紫叶小檗叶紫色；金边锦带花叶边淡黄色；金叶接骨木叶黄色；金叶连翘叶黄色。

④常绿类：灌木中有许多种类四季常青，既可单独栽植，也可用作绿篱、造型等，常用的主要有冬青、矮紫杉、小叶黄杨、桧柏、罗汉松、桂花、枸骨、米仔兰、山茶、夹竹桃、胡颓子、月桂、铺地柏、沙地柏等。

（4）观枝干类

一些灌木的枝干具有一定的观赏价值，如红瑞木枝干红色，冬季点缀雪景十分醒目；金钟连翘枝黄色下垂；平枝□子枝长开展，枝干光滑。

2.3.4.2　灌木在园林中的应用原则

灌木在园林植物群落中属于中间层，起着乔木、地面、建筑物与地面之间的连贯和过渡作用。灌木平均高度基本与人的平视高度一致，极易形成视觉焦点，在园林景观营造中具有极其重要的作用。灌木作为低矮的障碍物，可用来防止破坏景观、避免抄近路、屏蔽视线，强调道路的线型和转折点，引导人流、作为低视点的平面构图要素、作较小前景的背景，与中、小乔木一起加强空间的围合等。灌木的植株多处于人们的视域内、尺度较亲切。生长缓慢，耐修剪的灌木还可作为绿篱。灌木的使用范围较广，不仅可用作点缀和装饰，还可以大面积种植形成群体植物景观。灌木在园林中有以下几个方面的作用。

（1）组成园林景观空间

灌木是植物造景中不可忽略的重要元素。灌木以其自身的观赏特性既可单株栽植，又可以群植形成整体景观效果。利用灌木美化环境是最常见的做法，当开花时节、芬芳艳丽、秋冬果挂枝头，更兼叶色变化丰富、给人以美的享受。灌木往往可以使景色富有变化、生动活泼，当然也可以构成植物空间、发挥植物的一般作用。

（2）灌木与其他园林植物的配置

①与乔木树种的配置：灌木与乔木树种配置能丰富园林景观的层次感，创造优美的林缘线，同时还能提高植物群落的生态效益。在配置时要注意乔、灌木树种的色彩搭配，突出观赏效果。配置中也可以乔木作为背景，前面栽植灌木以提高灌木的观赏效果。如用常绿的雪松作背景，前面用山杏、樱桃花、海棠等花灌木配置，观赏效果十分显著。同时可以把分离的两组植物在视觉上联系起来。还可以把乔木中下部出现的空间加以利用。

②做为种植的基础：低矮的灌木，因分枝多而密，用于建筑物的四周、园林小品和雕塑基部作为基础种植，既可遮挡建筑物墙基生硬的建筑材料，又能

对建筑和小品雕塑起到装饰和烘托点缀作用，使构图生动。同时灌木可以使景物与景物之间、与地面之间，相互协调，彼此有机联系。作为绿篱的灌木对观赏物还有组织空间和引导视线的作用，可以把游人的视线集中引导到景物上。

③灌木可以布置花境：花灌木中有许多种类可以作为布置花境的材料，例如金山绣线菊、金焰绣线菊、柳叶绣线菊等。与草本植物相比，花灌木作为花境材料具有更大的优越性，如生长年限长、维护管理简单、适应性强等，在园林中应大力提倡。

④灌木可以吸引昆虫及鸟类：花灌木开花时节能吸引蜜蜂、蝴蝶等昆虫飞舞其间，果实成熟时又招来各种鸟类前来啄食，丰富园林景观的内容，创造出鸟语花香的意境。

⑤灌木也可以增添季节的季相美：灌木季相变化明显，容易引起人们的注意，并使人在时间上形成韵律和节奏感。灌木的发芽、展叶、开花、结果、落叶与自然物候息息相关，使人直接感到时间的渐进，增强了园林的生气。

2.3.4.3　灌木应用中的原则

（1）生态习性的掌握

灌木是习性、种类繁杂的一类物种，相互间存在较大的差异。掌握各种灌木的生态习性是营造理想景观效果的基础。如有耐阴性的树种珍珠梅、八仙花等，在较密的乔木林下开花良好；不耐阴树种有月季、榆叶梅等，在光照不足时生长开花不良，应栽植在空旷的地段。对大多数喜光又有一定耐阴性的种类，如溲疏、金银木、杜鹃等，可植于较稀疏的林下或密林边缘。而对牡丹来说，开花前喜光，花后需适当遮荫以免灼伤叶片，其上方就应栽植发芽晚的落叶树种，开花前不遮挡阳光，开花后上方树木展叶正好起到遮荫作用。

（2）色彩的位置

色彩丰富是灌木的突出特点，也是灌木应用中应该重点考虑的因素。红色、橙色、粉色等暖色的花给人以温暖、热烈、辉煌、兴奋的感觉；而蓝色、紫色的花色属于冷色，给人以冷凉、清爽、娴雅、平和之感。灌木应用中要充分考虑人们的感受，要根据栽植场所和应用的不同来选择不同的灌木，例如公园入口、水体边、园路两边、常绿树前可用色彩艳丽的红色、黄色等灌木渲染气氛，创造景观特点；而在安静休息区栽白色、紫色、蓝色系的灌木创造优雅、恬静、清爽的环境。

（3）整形修剪的灌木

灌木在生长发育过程中如果任其自然生长，会杂乱无章，并且影响灌木开花结果，降低观赏效果。通过整形修剪可以调节树体的营养分配、扩大树冠，并按景观的需要进行造型、整形修剪，还可促成灌木提早开花及延长花期。

2.3.4.4　花卉在园林中的造景功能

（1）花卉的定义及其分类

狭义的花卉，仅指草本的观花植物和观叶植物；广义的花卉，指凡是具有一定观赏价值，并经过一定技术进行栽培和养护的植物。广义的花卉同义于园林植物，是园林设计的基本要素。

花卉种类繁多，习性各异，有多种分类方法、现介绍两种常用的分类方法：

①按形态特征：可将花卉分为草本花卉和木本花卉两大类。

a. 草本花卉：没有主茎，或虽有主茎但不具木质或仅在茎部木质化，又可分为一、二年生草本花卉和多年生草本花卉（多年生草本花卉又可分为宿根、球根及一些多肉类植物）。

b. 木本花卉：可分为乔木、灌木等。

②按园林用途分类：可分为花坛花卉、花境花卉、水生和湿生花卉、岩生花卉、藤本花卉、地被花卉、切花花卉、室内花卉、专类花卉等。

（2）花卉的作用

花卉是色彩的来源，美的象征，是园林绿化、美化、香化的重要材料，常在多种场合被人们作为相互馈赠的礼物。花卉能吸收 CO_2，放出 O_2，有的花卉还能分泌杀菌素，因此花卉具有净化空气、提高环境质量、增进身心健康的作用。同时花卉能产生经济效益，花卉作为商品本身就具有重要的经济价值，它还可带动相关产业的发展。

（3）花卉在园林中的应用及配置

植物造景是园林的发展趋势，花卉具有种类繁多、色彩丰富、生产周期短、布置方便、花期易于控制等优点，因此在园林中被广泛应用，应用形式有花坛、花境、花园、主体装饰、造型装饰、专类园等。花卉布置在园林设计中常具有画龙点睛的作用。园林中进行花卉配置应遵循科学性和艺术性原则。综合考虑各因素，实现花卉配置的科学性、艺术性及与周围环境的和谐统一。

（4）花卉的栽培及养护管理

花卉具有极高的观赏价值和极强的装饰作用。但精心的栽培管理却是形成良好景观的基础和关键。一、二年生花卉需要每年育苗栽植、球根花卉虽能露地越冬，却往往也需要每年挖出重新栽植以保证生长整齐、开花均匀一致，宿根花卉生长过密时要及时分株，为其创造良好的生长条件。在此基础上，还要进行经常性的土、肥、水管理及病虫害防治，对开败的残花和凌乱的株丛要及时剪除和整修，以保证花卉健壮成长和景观效果的持久。

2.3.4.5　草坪和地被植物在园林中的造景功能

（1）草坪含义及分类

草坪是指有一定设计、建造结构和使用目的的人工建植的草本植物形成的块状地坪，具有美化和观赏效果，或能供人休闲、游乐和体育运动的坪状草地。草坪按使用用途，可分为以下几种类型：

①游憩性草坪：这类草坪一般采取自然式建植，没有固定的形状，大小不一，允许人们进入活动，管理较粗放。选用的草种适应性要强，耐践踏、质地柔软，叶汁不易流出以免污染衣服。面积较大的游憩性草坪要考虑配置一些乔木树种以供遮荫，也可点缀石景、园林小品及花丛、花带。

②观赏性草坪：如铺设在广场、道路两边或分行车带、雕像、喷泉或建筑物前以及花坛周围。这类草坪栽培管理要求精细，严格控制杂草丛生，有整齐美观的边缘并多采用精美的栏杆加以保护，仅供观赏，不能入内游乐。为提高草坪的观赏性，有的观赏草坪还配置一些草本花卉，形成缀花草坪。

③运动场草坪：专供开展体育运动的草坪，如高尔夫球场草坪、足球场草坪、网球场草坪、赛马场草坪、垒球场草坪、滚木球场草坪、橄榄球场草坪、射击场草坪等。此类草坪管理精细，要求草种韧性强、耐践踏，并能耐频繁的修剪，形成均匀整齐的平面。

④护坡草坪：这类草坪主要是为了固土护坡，覆盖地面，不让黄土裸露，从而达到保护生态环境的作用。如在铁路、公路、水库、堤岸、陡坡处铺植草坪，可以防止冲刷引起水土流失，对路基、护岸和坡体起到良好的防护作用。这类草坪的主要目的是发挥其防护和改善生态环境的功能，要求选择的草种适应性强、根系发达、草层紧密、抗旱、抗寒、抗病虫害能力强，一般面积较大，管理粗放。

⑤其他草坪：这是指一些特殊场所应用的草坪，如停车场草坪、人行道草坪。建植时多用空心砖铺设停车场或路面，在空心砖内填土建植草坪。这类草坪要求草种适应能力强、耐高强度践踏和耐干旱。

（2）地被植物的含义及分类

地被植物是指株丛紧密、低矮，用以覆盖园林地面防止杂草孳生的植物。地被植物主要为一些多年生低矮的草本植物以及一些适应性较强的低矮、匍匐型的灌木和藤本植物。它们比草坪更为灵活，在不良土壤、树荫浓密、树根暴露的地方，可以代替草坪。且种类繁多，可以广泛地选择，有蔓生的、丛生的、常绿的、落叶的、多年生宿根的及一些低矮的灌木。它们不仅增加植物层次，丰富园林景色，给人们提供优美舒适的环境，而且由于叶面积增加，还具有减少尘土、净化空气、降低气温、改善空气湿度和减少地面辐射等保健作用，并能防止土壤冲刷、保持水土，减少或抑制杂草生长。它还可以解决工程、建筑的遗留问题，使庭院景观更加亮丽。

①常绿类地被植物：这类地被四季常青，终年覆盖地表，无明显的枯黄期。如土麦冬、石菖蒲、葱兰、常春藤、铺地柏等。

②观叶类地被植物：有优美的叶形，花小而不太明显，所以主要用以观叶，如麦冬、八角金盘、垂盆草、荚果蕨等。

③观花类地被植物：花色艳丽或花期较长，以观花为主要目的，紫花地丁、水仙、石蒜等。

④防护类地被植物：这类地被植物用以覆盖地面、固着土壤，有防护和水土保持的功能，较少考虑其观赏性问题。绝大部分地被植物都有这方面的功能。

地被植物可以分为草本地被植物和木本地被植物。

①草本地被植物：指草本植物中株形低矮、株丛密集自然、适应性强、管理粗放，可以观花、观叶或具有覆盖地面、固土护坡功能的种类。主要包括宿根、球根及能够自播繁衍的一、二年生植物。如白三叶、绛三叶、红三叶、杂三叶、紫花苜蓿、马蔺、紫茉莉、二月兰、半支莲、紫花地丁、萱草类、玉簪、喇叭水仙、红花酢浆草、铃兰、虎耳草、石菖蒲、万年青、葛藤、鸡眼草、吉祥草、细叶麦冬、垂盆草、蔓长春花、肾蕨、扫帚草、月见草、黄刺玫等。

②木本地被植物：指一些生长低矮、对地面能起到较好覆盖作用并且有一定观赏价值的灌木、竹类及藤本植物，如砂地柏、金丝桃、栀子花、迎春、八角金盘、南天竹、小檗、火棘、日本绣线菊、地锦、五叶地锦、常春藤、金银花、山葡萄、百里香、枸杞、紫穗槐、中华猕猴桃、金焰绣线菊、悬钩子属、紫藤、枸骨、中华常春藤、木通。在庭园和公园内栽植生长有观赏价值或经济用途的低矮地被植物，它们的适应能力不如草坪地被植物，一般适宜栽在小型区划内，不耐践踏，主要供观赏用，如百里香、半枝莲、金钱草、二月兰、紫花地丁、酢浆草、荷兰菊、垂盆草、蛇莓等。可以肯定，随着草坪和地被植物在园林中的应用越来越广，其种类将会越来越多。

（3）地被植物的功能作用

①净化空气。地被植物是改造、保护自然生态环境的良好材质，它能稀释、分解、吸收大气中的部分有害物质，减少空气中的细菌含量。地被植物像其他绿色植物一样吸收二氧化碳，释放氧气，增加空气中的氧气含量，降低温室效应。

②改善生态环境。地被植物能缓和强光辐射，减轻人们眼睛的疲劳。地被

植物的茎、叶具有良好的吸音效果，能在一定程度上吸收和减轻噪音的污染，对保护人类的身心健康十分有利。

③增加绿量，加快生态园林建设步伐。地被植物是生态园林建设不可缺少的组成部分。在树木的下层栽植地被，形成乔木、灌木、地被（草坪）结合的多层立体绿色空间，能够在有限的绿地面积上增加绿色植物的生物量，更好地发挥其在改善环境方面的生态效益，营造壮观的园林景观。

④为人类创造优美的生活环境。地被植物对改善和美化人们的生活环境具有重要的作用，特别是在拥挤嘈杂的都市，如毯的绿色草坪（地被）给人以幽静的感觉，能陶冶人的情操，开阔人的心胸，稳定人的情绪，激发人的想象力和创造力。

地被植物可用来限定道路，覆盖地面，形成群体植物景观。

（4）地被植物在园林中的配置及应用

地被植物的配置原则：适地适植，合理配置。在充分了解种植地环境条件和地被植物本身特性的基础上合理配置。如入口区绿地主要是美化环境，可以用低矮整齐的小灌木和时令草花等地被类植物进行配置，以靓丽的色彩或图案吸引游人；山林绿地主要是覆盖黄土，美化环境，可选用耐阴类地被进行布置；路旁则根据道路的宽窄与周围环境的各异，选择开花地被类，使游人能不断欣赏到因时序而递换的各色景观。

地被植物和草坪植物一样，都可以覆盖地面，涵养水源，形成视觉景观。但地被植物有其自身特点：一是种类繁多，枝、叶、花、果富于变化，色彩丰富，季相特征明显；二是适应性强，可以在阴、阳、干、湿不同的环境条件生长，形成不同的景观效果；三是地被植物有高低、层次上的变化，易于修饰成各种图案；四是繁殖简单，养护管理粗放，成本低，见效快。但地被植物不易形成平坦的平面，大多不耐践踏。园林中可以应用地被植物形成具有山野景象的自然景观，同时地被植物有许多耐阴性强的品种，可在密林下生长开花，故与乔木、灌木配置能形成立体的群落景观。

耐水湿的地被植物配置山、石、溪水构成溪涧景观。在小溪、湖边配置一些耐水湿的地被植物如石菖蒲、筋骨草、蝴蝶花、德国鸢尾、石蒜等，配上游鱼或叠水，再点缀一两座亭榭，别有一番山野情趣。

（5）地被植物的栽培管理

加强对地被植物的栽培、养护和管理，满足其生长的要求，才能创造出良好的景观。从栽植前的土地平整、平床处理、土壤改良到栽植后的修剪、灌水、病虫害防治，都有一整套规范的技术规程，只有严格按要求操作，才能培育出优质地被，创造出良好的景观。

2.3.4.6 攀缘植物的造景功能

攀缘植物的分类：攀缘植物是指自身不能直立生长，需要依附它物或匍匐地面生长的木本或草本植物，根据其习性可以分为几种类型：

缠绕类：通过缠绕在其他支撑物上生长发育，如紫藤、猕猴桃、牵牛花、月光花、金银花、忍冬、铁线莲、大瓣铁线莲、木通、三叶木通、南蛇藤、红花菜豆、常春油麻藤、鸡血藤、西番莲、何首乌、崖藤、吊葫芦、软枣猕猴桃、藤萝、狗枣猕猴桃、瓜叶乌头、五味子、南五味子、荷包藤、马兜铃等。

卷须类：依靠卷须攀缘到其他物体上，如葡萄、扁担藤、炮仗花、蓬莱葛、甜果藤、赤苍藤、龙须藤、云南羊蹄甲、珊瑚藤、香豌豆、观赏南瓜、叶蛇葡萄、山葡萄、小葫芦、丝瓜、苦瓜、罗汉果、蛇瓜、山荞麦等。

吸附类：依靠气生根或吸盘的吸附作用而攀缘的种类，如地锦、五叶地锦、崖爬藤、常春藤、常春卫矛、倒地铃、络石、球兰、凌霄、美国凌霄、花叶地锦、蜈蚣藤、麒麟叶、绿萝、龟背竹、合果芋、硬骨凌霄、香果兰等。

蔓生类：这类藤本植物没有特殊的攀缘器官，攀缘能力较弱，如野蔷薇、木香、红腺悬钩子、多腺悬钩子、天门冬、叶子花、藤金合欢、黄藤、地瓜藤、垂盆草、蛇莓、酢浆草等。

(1) 攀缘植物在园林绿化中的功能和作用

攀缘植物改善城市生态环境的作用：随着城市人口的剧增和城市建设的迅速发展，高层建筑不断增加，建筑面积的扩大势必使城市绿地面积减少，因而，充分利用藤本植物进行垂直绿化是提高绿化面积、增加城市绿化量、改善生态环境的重要途径。

攀缘植物具有观赏功能，攀缘植物种类繁多，姿态各异，通过茎、叶、花、果在形态、色彩、质感、芳香等方面的特点及其整体构型，表现出各种各样的自然美。例如，紫藤老茎盘根错节，犹如蛟龙蜿蜒，加之花序颀长，开花繁茂，观赏效果十分显著，五叶地锦依靠其吸盘爬满垂直墙面，夏季一片碧绿，秋季满墙艳红，对墙面和整个建筑物都起到了良好的装饰效果。藤本植物用于垂直绿化极易形成立体景观，既可观赏又能起到分割空间的作用，加之需要依附于其他物体，显得纤弱飘逸，婀娜多姿，能够软化建筑物生硬的立面，给死寂沉闷的建筑带来无限的生机。藤本植物除能产生良好的视觉形象外，许多种类的花果还具有香味，从而引起嗅觉美感。

(2) 攀缘植物在园林中的应用

棚架式绿化：选择合适的材料和构件建造棚架，栽植攀缘植物，以观花、观果为主要目的，兼具有遮荫功能，这是园林中最常见、结构造型最丰富的藤本植物景观营造方式。绿门、绿亭、小型花架也属于棚架式绿化，只是体量较小，在植物材料选择上应偏重于花色鲜艳、姿态优美、枝叶细小的种类，如三角花、铁线莲类、蔓长春花等。棚架式绿化多布置于庭院、公园、机关、学校、幼儿园、医院等场所，既可观赏，又给人们提供了一个纳凉、休息的理想环境。

①绿廊式绿化：选用攀缘植物种植于廊的两侧并设置相应的攀附物，使植物攀缘两侧直至覆盖廊顶形成绿廊。也可在廊顶设置种植槽，选植攀缘或匍匐型植物中的一些种类，使枝蔓向下垂挂形成绿帘。绿廊具有观赏和遮荫两种功能，在植物选择上应选用生长旺盛、分枝力强、枝叶稠密、遮蔽效果好而且姿态优美、花色艳丽的种类，如紫藤、金银花、木通、铁线莲类、葡萄、三角花、炮仗花、常春油麻藤等。绿廊多用于公园、学校、机关单位、庭院、居民区、医院等场所，既可以观赏，廊内又可形成私密空间，供人入内游赏或休息。

②墙面绿化：把攀缘植物通过诱引和固定使其爬上混凝土或砖制墙面，从而达到绿化和美化的效果。城市中墙面的面积大，形式又多种多样，如围墙、楼房及立交桥的垂直立面等都需要用藤本植物加以绿化和装饰，来打破墙面呆板的线条，吸收夏季太阳的强烈反光，柔化建筑物的外观。墙面的质地对藤本植物的攀附有较大影响，墙面越粗糙，对植物的攀缘越有利。较粗糙的建筑物表面可以选择枝叶较粗大的种类，如地锦、五叶地锦、薜荔、常春卫矛、凌霄、美国凌霄等；而光滑细密的墙面则宜选用枝叶细小、吸附能力强的种类，如络石、紫花络石、常春藤、蜈蚣藤、绿萝等。为利于攀缘植物的攀缘，也可在墙面安装条状或网状支架，进行人工缚扎和牵引。

③篱垣式绿化：篱垣式绿化主要用于篱笆、栏杆、铁丝网、矮墙等处的绿化，它既具有围墙或屏障的功能，又有观赏和分割的作用。篱垣式绿化结构多种多样，既有传统的竹篱笆、木栏杆或砖砌成的镂空矮墙，也有塑性钢筋混凝土制作而成的水泥栅栏及其仿木、仿竹形式的栅栏，还有现代的钢筋、钢管、铸铁制成的铁栅栏和铁丝网搭制成的铁篱等。篱垣式绿化以茎柔叶小的草本种类为宜，如香豌豆、牵牛花、月光花、茑萝、打碗花、海金沙等；而普通的矮墙、钢架等可供选择的植物更多，除可用草本材料外，其他木本类植物如野蔷薇、金银花、探春、炮仗藤、藤本月季、凌霄、五叶地锦等均可应用。

④立柱式绿化：城市的立柱包括电线杆、灯柱、廊柱、高架公路立柱、立交桥立柱等，对这些立柱进行绿化和装饰是垂直绿化的重要内容之一。立柱的绿化可选用缠绕类和吸附类的藤本植物，如五叶地锦、常春藤、常春油麻藤、三叶木通、南蛇藤、络石、金银花、软枣猕猴桃、扶芳藤、蝙蝠葛、南五味子等，对古树的绿化应选用观赏价值高的种类如紫藤、凌霄、美国凌霄、西番莲

等。

⑤阳台、窗台及室内绿化：阳台、窗台及室内绿化是城市及家庭绿化的重要内容。用藤本植物对阳台、窗台进行绿化时，常用绳索、木条、竹竿或金属线材料构成一定形式的网棚、支架，设置种植槽，选用缠绕或攀卷类藤本植物攀附其上形成绿屏或绿棚。这种绿化形式多选用枝叶纤细、体量较轻的植物材料，如茑萝、金银花、牵牛花、铁线莲、丝瓜、苦瓜、葫芦等。

用藤本植物装饰室内也是较常采用的绿化手段，根据室内的环境特点多选用耐阴性强、体量较小的种类。可以盆栽放置地面，盆中预先设置立柱使植物攀附向上生长，常用的藤本植物有绿萝、茑萝、黄金葛等。

山石、陡坡及裸露地面的绿化：用藤本植物攀附假山、石头上，能使山石生辉，更富自然情趣，使山石景观效果倍增，常用的植物有地锦、五叶地锦、垂盆草、紫藤、凌霄、络石、薜荔、常春藤等。

陡坡地段难于种植其他植物，因会造成水土流失。利用藤本植物的攀缘、匍匐生长习性，可以对陡坡进行绿化，形成绿色坡面，既有观赏价值，又能起到良好的固土护坡作用，防止水土流失。经常使用的藤本植物地锦、五叶地锦、常春藤、虎耳草、山葡萄、薜荔等。

我国生态园林的概念于20世纪80年代初期提出，经过十几年的发展、完善和探索，已经成为了我国园林绿化的发展趋势和方向。为加快生态园林的建设步伐，我国园林和生态两个领域的研究工作者初步提出了生态园林的定义：生态园林是继承和发展传统园林的经验，遵循生态学的原理，建设多层次、多结构、多功能、科学的植物群落。建立人类、动物、植物相联系的新秩序，达到生态美、科学美、文化美和艺术性。从我国生态园林概念的产生和定义的表述可以看出，生态园林至少应包括三个方面的内涵：一是具有观赏性和艺术美，能美化环境，创造宜人的自然景观，为城市居民提供游览、休憩的娱乐场所；二是具有改善环境的生态作用，通过植物的光合、蒸腾、吸收和吸附，调节小气候，防风降尘，减轻噪声，吸收并转化环境中的有害物质，净化空气和水体，维护生态平衡；三是具有生态结构的合理性，通过植物群落的合理配置，能够满足各种植物的生态要求，从而形成合理的时间结构、空间结构和营养结构，与周围环境组成和谐的统一体。其核心是用生态学的原理指导园林植物景观的营造，并真正达到城市园林建设可持续发展的理想目标。

2.3.4.7 人工植物群落在生态园林建设中的作用

(1) 植物群落的结构特征

植物群落都需要有一定的面积来表现群落种类的组成、群落的水平结构和垂直结构。只有具有一定面积的植物群落才能保证群落的发育和保持稳定的状态。因此每一种植物群落都应有一定的规模和分布面积，只有这样，才能形成一定的群落环境，单个、单行、零星分布的植物及小面积的片林都不能体现群落的基本特征和形成一定的群落环境，因此不称其为群落。

（2）植物群落成层性特征

所谓成层性即具有合理的垂直排列和空间组织，园林中的植物群落一般包括三层：乔木层、灌木层、草本（地被）层。每一层包括一类或几类植物，如乔木层又可分为大乔、中乔、小乔等。不同地区和不同的立地条件适合不同的植物群落结构，有的群落复杂，层次多；有的群落结构简单，仅2～3层。无论从观赏效果还是从其改善生态环境作用及其自身生长发育来看，有一定面积和规模，并具有一定层次，都是园林植物群落所应该达到的要求。

（3）植物群落多层次的景观效果

多层次的植物群落，扩大了绿化量，提高了绿地率，比零星分布的植物个体具有更高的观赏价值。从林冠线来看，高大的乔木层参差的树冠组成了优美的天际线；从林缘来看，乔木、灌木、草坪（地被）、花卉高低错落，自然衔接，形成了自然的林缘线。群落中间的灌木层对整个群落在景观上具有承上启下的作用，增强了群落的层次感，并且色彩丰富，景色宜人。植物群落的地表被草坪、花灌木或地被植物覆盖，避免了黄土裸露，使地面绿荫铺地，鲜花盛开，观赏效果十分显著。不同的植物群落能够产生不同的景观效果，乔木、灌木、草本均衡搭配形成的群落层次分明，比例协调，错落有致；而以乔木和草本组成的植物群落中，灌木层植物较少或不明显，主要靠平整、翠绿的草坪、地被或鲜艳的草本花卉衬托乔木的群体美或单体美；以小乔木和灌木为主体的植物群落则主要展示灌木树种的色彩和姿态，大乔木和草本植物用量较少，只起陪衬和点缀作用。为增加观赏性，有时对灌木树种进行人工整形和修剪。

园林中的植物群落与山坡、水体、建筑、道路等搭配极易形成主景。山坡上的植物群落可以衬托地形的变化，使山坡变得郁郁葱葱，创造出优美的森林景观。水体用水生植物、岸边植物组成的植物群落与水体本身形成了和谐的统一体，岸边植物的倒影映入水中，更增加了景观的趣味性。建筑物旁的植物群落对建筑物起到了很好的遮挡和装饰作用，使城市建筑掩映于充满生机的植物群落之中。道路边的植物群落可以丰富城市道路的自然景观，给路上的行人提供了一幅幅优美的自然风景画。

（4）植物群落改善环境的生态作用

植物作为自养生物和城市生态系统中的生产者，通过其生理活动的物质循环和能量流动改善生态环境，植物在城市中形成改善环境的效益，关键在于发挥植物的光合作用，光合作用决定于叶面积大小和叶面积指数。植物群落增加了单位面积上植物的层次和数量，所以单位面积土地上植物的叶面积指数高，光合作用能力增强，对城市生态环境改善作用要比单层的植物大。

（5）人工植物群落营造的原则

生态性原则营造的植物群落既要有较大的改善生态环境的作用，又要满足群落内植物健壮生长的生态要求，这是生态园林建设的核心。这一原则要求在植物群落营造过程中，要把生态效益放在首要位置，以谋求城市生态环境的改善为主要目标，尽可能配置复杂的植物群落，最大限度地增加单位面积的绿量，以便产生更好的生态效果。根据不同地域环境的特点和人们的要求构建不同的植物群落类型。例如在污染严重的工厂营造植物群落时要多配置抗性强，对污染物质吸收率高的植物种类，从而达到减少污染的目的；在疗养院、医院营造植物群落时要把具有杀菌功能和保健作用的植物种类作为重点，而在水土流失严重的坡地营造植物群落时要把根深、固土能力强的植物作为群落的重点。

①景观性原则：指应该表现植物群落的美感，体现出科学与艺术的和谐。这需要我们在营造植物群落的过程中，熟练掌握各种植物材料的观赏特性及造景功能，根据美学原理和人们对群落的观赏要求进行合理配置。同时要对所营造的植物群落的动态变化和季相景观具有较强的预见性，使植物群落在春、夏、秋、冬具有不同的景观，从幼年、成年到衰老又有不同的效果，丰富群落的美感，提高观赏价值。

②生物多样性原则：物种的多样性是群落多样性的基础，它能提高群落的观赏价值，增强群落的抗逆性，有利于保持群落的稳定。只有丰富的植物种类才能形成丰富多彩的群落景观，满足人们不同的审美要求；也只有多样性的植物种类才能构建不同生态功能的植物群落，有效地改善城市的生态环境。根据植物群落营造的不同需要，有目的、有针对性地引进外地、外国的优良植物品种。同时还要对当地的园林植物进行合理的推广应用，以物种的多样性推动植物群落的多样性，更好地发挥植物群落的景观功能和生态作用。

2.4 景观植物配置的美学原理

植物的形、色、质感……均会引起我们感觉及意识的反应，带来各种美感体验，因此植物在现今人工化痕迹较重的世界里，愈为人们所喜爱。植物的美感特性大约分为以下几种：

2.4.1 视觉美

植物在我们视觉上造成的美感可由植物本身而来，或由植物的辅助特性而来，植物形成的视觉美会因树龄及季节或环境状况而不同。植物形成的视觉美可分为以下两种。

2.4.1.1　二度空间的美

植物本身为三度空间的实体，但其投影于二度空间如水面、窗上、墙壁上，人们可像赏画一样的去欣赏它，此为二度空间的一种美。二度空间的美，白天受日光移动的影响，晚上受月光或人造光源的照射，产生千变万化的投影，有时其造成的美感效果远胜过其三度空间之美。

采用灌木（侧枝繁茂）、低矮的花卉形成的平坦花坛，其美丽的构图、纹样犹如织锦一般富丽，又是另一种二度空间的美。

2.4.1.2　三度空间的美

景观植物作为三度空间的实体，具有形、色、质地等特性，可被人们视为雕塑品来欣赏，并可利用这些特性加以组合实现设计概念，构成空间的美感。

2.4.2　植物的美感特性在美学上的应用

据研究，一般人对外界环境的知觉，由视觉而来的占87%，听觉占7%，嗅觉占3.5%，触觉占1.5%，可见视觉所占分量是十分重要的。因此视觉美的创造，也是研究、应用最多的一项。

2.4.2.1　视觉美

（1）视觉美的空间组合

创造视觉美的空间组合，有以下三项基本原则。

①统一。统一在任何形态的组合中，占最重要的地位，没有统一就没有秩序，而任一组合也将分裂成单独的、没有关联的个体。统一可使各部分产生和谐的关系，亦即某种程序的相似，例如型、色、质感等。有时重复连用某一元素可达统一的效果。统一可造成人们舒服、安宁、和平的感觉。

②变化。成功的组合固然可以成为一种和谐的整体，但也需有某些趣味，否则失之单调。从某一角度看来，变化正是统一的相反、统一使用的是相同性，而变化使用的是相异性，至于如何在统一中加入变化则是各位景观设计师巧用心思的地方了。

③平衡。平衡就像天平的两端放着等重的物体，是可以产生安全感的姿态。平衡可因两种情况而获得。

对称的平衡：等于天平的两端放置等重的同种物体，能导致静态的稳定；有整齐、严肃的感觉。

不对称的平衡：天平的两端放置等重但不同种类的物体，能导致动态的稳定；有亲切、优雅、潇洒的感觉。

（2）植物组合的视觉要素

在植物所有的美感特性中，以视觉美的分量最重，因此必须了解植物本身的视觉要素，才能在空间中作完美的组合。一般植物组合的视觉要素分为色彩、质感及树木形态三项。

①植物的色彩。色彩由色相、明度及纯度三要素所组成。色相为红、黄、蓝三原色及其间混合而产生的颜色。明度为各种色相的色反射光量的多少，反射光量愈多，则明度愈高，给人一种活泼轻快的感觉，例如浅黄色；反射光量少，则明度低，给人一种沉闷、朴素的感觉，如深蓝色。彩度即指色彩的鲜亮程度，如红、黄、蓝三原色，未含有任何黑、白的成分，其纯度最高，最鲜艳，称之为纯色；而粉红及暗红，则分别混有白、黑色，因此，其纯度较低，也较柔和。

在色彩的设计上，利用色相比、明度比、彩度比交互使用，可得变化而舒适的调和感。另外彩度及明度相同的补色，刺激感最强，如红对绿，但若不同彩度或明度的二补色相配，则可有较不眩目而稳定的感觉，如灰绿对红或绿配暗红等。

②植物的质感。质感拉丁语的意思就是编织。在景观里，植物的质感是由植物生长的细微结构或整体植物所造成的。因此植物的叶型、叶大小、叶面及叶在枝干、小枝的排列姿态以及叶的排列在植物体造成的全叶量（即树冠密度）均与质感有关。而植物的质感，又与尺度有关，这种尺度关系，在质感设计时是一项重要考虑的因素；植物的大小及形是在一般观察距离下而言的，同样其质感也是在此情况下而言的。例如，远望森林，觉得其为毛茸茸、柔软的感觉，而近看时，则其质感就由各单株植物其叶、枝干等因素而定了；细质感植物会增加距离感，厚重质感则相反。其他质感造成的感觉如下：

a. 一般大型的叶较小型的叶质感重。

b. 粗糙、厚、革质的叶较光滑，薄而膜质的叶质感粗重。

c. 叶在枝上硬生生的排列较有粗糙感。

d. 叶量多，密集丛生使树冠密度大则有坚实、沉重的感觉。

③树态。树型指整株树的外部形状，有的近圆形，有的近卵形、有的近柱形等；树性指树的细部结构，而树态即为树型及树性共同构成树的整体形态。树态的形成，主要由下列因素交相作用的结果。

（3）应用植物视觉要素组合的设计方法

植物的色彩、质感、树态三要素相互关联，例如同为绿色的树，而针叶与阔叶树其质感及树状皆不同。而考虑质感及树态的设计是属于相当细微及复杂的艺术形式，因此也需要深刻的体验，仔细的构思方能达到预期的效果。

①色彩的应用。一般情况，植物色彩应用于景观时，是多用作统一元素而

少用作装饰元素，应用情况如下：

a. 小群植物的栽植，宜选一显著的色彩。

b. 大面积栽植大群植物时，可用一系列的色彩。

c. 为产生对比效果，可选用与一般植物对比的暖色，如红、橙、黄色的植物。如红叶铁苋栽植于草地中的效果。

d. 为达到庄严、肃穆效果，可选用浓、重的绿色植物，如龙柏类。

e. 利用草坪一类带有浅的亮绿色彩则可造成愉悦之感，尤其在强光下此感更明显。

f. 开白花的植物栽植阴暗处，可将暗处带亮。

g. 深绿色的绿荫树给人安详、和平感，适合栽植于休憩处。

h. 广场处花坛的布置，应尽量选用对比色的植物，如红、绿的法国苋及银白的银叶菊，可造成花团锦簇的效果，也可以增加热闹的气象。

i. 远处或由高处往下欣赏花坛时，宜采用大块面积的色彩配合，才能突显效果。

j. 为达到庭院深远的效果，应在近处植深色或浓艳色的植物如黄、橙色的草花，而远处植淡色、浅色植物，如杜鹃、桂花。

k. 远处为引起注意，可选用材料对比色的植物，而欲增加深度，则应把植物当做统一元素选用调和色的植物。

②质感的应用。

a. 为强调空间中某一元素，宜选用质感重的植物，如在建筑物的入口处。

b. 使用同一质感的植物，可获得统一的效果。

c. 为达到尺度感通常采用两种方法：为增加距离感，可选用细致、柔软质地的植物，因此一般小庭园中选用此类树种则看来较大。

为减弱距离感，宜选用质感重的大株植物。

d. 一般人行走或活动的空间，应选用表面质感平滑的植物。

e. 一般角落处宜选粗糙、较坚实的植物以加强之。

f. 小区域中不宜使用粗质感的植物，否则易显得粗俗。小区域中也不宜使用质感种类太多及对比太强烈的植物，且想加入不同质感植物时，应采用渐变的方式，在粗糙质感与细致质感中加入适中的材料的缓和效果。在大区域中极易成功的组合多种质感植物而栽植。

g. 矮缘适宜选用细腻质感的植物，高篱则需选用中度或粗糙质感的植物。

③树态的应用。植物体具有各种形状及姿态，其在空间可配置、组合成各种样式。一般接近 20 cm 高植物，如草花、草地类，因其较矮，我们常将其以平面美的构成方式而达到地毯的效果；一般树则常以其型、其态组合立体美。

a. 点的效果。点在几何上是只有位置而不具大小的面积，但具很大的吸引力，其大小不超过当做视觉单位的点的限度，否则就成具有面积的形了。

一点的效果：在一视野中，或画面中具有一点的位置时，我们的注意力就会集中在此一点上，如大水池中的一株睡莲，大草坪中的一株树，均使画面有画龙点睛的效果。

二点的效果：如果画面中有两个点，当其为相同大小，各具位置时，点与点间就产生心理紧张或张力；若此二点位置相近时，则有线的效果；若此二点具有不同大小时，则我们的注意力就会集中在优势的一方，然后才渐移至劣势的一方，如大草坪有一株大树，一小株灌木的现象。

三点的效果：如果画面中有三点，而相互散开时，点与点之间就有视觉看不出的直线作用，而使我们看成三角形；而此三点互相靠近时，则会使我们感觉为一大点，或一小面了。

点过多的效果：当画面中的点太多而散开时，就如天空中的繁星点点了，若要寻找某一特定的点时，必须用直线连接点间、作出图形，方找得出其位置。而水池中，种植了过多散乱的睡莲、绿地中栽植了过多散乱的花木时，也同此情况，无所谓重心和焦点了。

b. 线的效果。线是点的轨迹，具有长度及方向。此外，其与点一样需要够粗才能为我们所见，此“够粗”也不是绝对的，而是与其周围视觉要素的对比下的感觉，直线与曲线是会有不同感觉的。

直线：其表现的感情，是硬直、明确的感觉。其中粗线有力、粗笨之感；细直线有锐敏之感；锯状直线则有不安定、焦虑之感。

曲线：其表现的感情，一般是优雅、柔软、高贵、间接的。其中如圆、椭圆、抛物线等曲线属几何曲线，其曲线较明确，易于理解；而自由曲线则比较复杂，富于变化，最具有女性的优雅与柔和感。

因此我们会采用列植来表现肃穆的气氛，适合于纪念性的地方使用；再如木棉、凤凰木、合欢等平展宽阔的树，赋予我们安定、宁静的松弛感，极适合于一般休憩的庭园中；而悬崖菊、偃柏一类斜角方向的伸展枝态，则会带强烈的刺激性，有活泼、生动之感，易引人注意，常用于观赏庭园中。

c. 面的效果。平面的效果是与形有关系，立面上的形，则由于视角及视觉方向不同，它的外轮廓线在空间就产生不同的平面轮廓线。“形”是最能表现出各种形状的轮廓线的心理特征。如正方形最能强调垂直线与水平线的心理效果，对任何方向都能呈现出安定的秩序感。圆能表现几何曲线的特征，可是过于完美而有缺少变化的感觉。“形”可分为下列数种，而各具不同的心理特征。

d. 体的效果。植物表现立体美时，多以不同形态的植物将其单植、列植、丛植或形成立体花坛。不论何者，均应表现统一、变化、均衡的美。

单植：植物就像人一样，每一种类均有其生长的特性而各具姿态。有的植物形体天生不优美不为我们所喜爱；有的植物则颇具姿态及个体美，而有的植物具花、叶、果观赏价值，因此我们可以将其单株植于对比的背景上，如设于草地中、花坛中心、水池四周及其他显眼的位置以欣赏它的个体美，此亦即一般所谓的优形树，如黑松、樟树、南洋杉等。

列植：一般在狭窄基地、街道等带状处因受地形限制或在特殊场合为达到某种气氛的目的下，常会将植物以列植的方式配植。列植的方式有规则式，也有不规则式的。规则式列植常用在纪念性的庭园及街边的行道树上，给人整齐划一或庄严的感觉。不规则式列植常配植于较为轻松感的带状绿地，如境界栽植及住宅、购物区的街道栽植，可达到变化的韵律美。

丛植：即指利用植物的形状、大小作二株以上不规则的组合栽植，以表现物体在空间组合的造型美。一般植物在自然生长状态下，均非规矩的成行生长，因此为了打破过强的人为痕迹，又为达到某种程度的次序感以适合我们的活动，所以常将植物以丛植方式栽植。一般较小的观赏庭园中，组合的方式较强调变化的美；较大的环境或公园里，则强调统一中求变化而达到渐变的韵律美，但不论在何处组合，其均不得失去均衡感。

2.4.3 触觉美、嗅觉美、听觉美

一般我们接触植物时，第一感觉是来自视觉，因此视觉美利用的也最多，至于触觉美、嗅觉美、听觉美植物的欣赏是属于更细致的体验，因此在较常用静态的地方，人们可以有时间去慢慢的细细地去欣赏它，就像品茶一样。

2.4.4 自然美

利用植物自然的相似性配置于混杂的新旧建筑物间或用于行道树以连接公园及其他绿地上，则可达到统一的效果；将植物配置于坚硬的、整形的建造环境中可达到柔化的效果，或置于建筑物旁而达辅助的效果以补足建筑物的美。利用植物栽植于某一地点的纪念某人、某事或利用不同植物栽植于不同地点使各呈特色，创造地点感，可让使用者感受到此处的不同之处。

2.4.5 变化美

利用四季不同的开花植物或随季节会变化叶色的植物配置于环境中，则不仅能常常欣赏到各类开花或变叶植物，更能由认知而感受时节的变化。

2.4.6 情趣及意境美

种植苍劲的黑松，象征刚毅及永恒；种植竹，令人忆起高风亮节；种植枫树，又教人怀念秋天。诸如此类都是中国人将树人格化而见更深的意境，而不

是完全的由植物形态而感知的，其与中国历史、文化是相通的，此种情趣及意境的美，在中国式的庭园中应用最多。

2.5 景观植物与环境

对植物来说，其生存地点周围的空间，就是植物的环境。然而环境中的环境因子并不都对植物发生作用，有的可能在一定阶段不发生作用。例如，光照这一环境因子对于大多数植物种子发芽时就不发生作用，而温度和水分却对种子发芽起到至关重要的作用。因而，凡是对植物发生作用的环境因子，称为“生态因子”。

植物生存地周围空间全部生态因子的综合，就是植物的生态环境。简称为“生境”。

2.5.1 光对园林景观植物的生态作用

光对园林植物的生态作用主要体现在光照强度、光谱成分和日照长短对植物的生长发育、生理生化、形态等方面的影响，以及对植物的产量和质量，乃至经济效益、社会效益和生态效益的影响。植物长期生活在一定的光照环境中，不同的植物对于光照强度、光谱成分及其日照长短产生了一定的要求和适应性，构成了各种不同的生态类型。

2.5.1.1 光照强度对光合作用的影响

在一定范围内（光补偿点至光饱和点），植物的光合作用随着光照强度的增强而增强。绿色植物吸收太阳辐射后，通过光合作用转化为化学能贮存在有机物质中。根据试验，植物光合作用在一定范围内（从光补偿点至光饱和点）随光照强度的增加而增强，积累的有机物质也越多，才能为植物本身的生长发育及其产量形成提供充足的物质和能量。

2.5.1.2 光对植物生长发育和形态结构的影响

①对种子发芽的影响。有些植物的种子需要在光照条件下才能发芽，如桦树。一般来说需光发芽的种子，往往对红光比较敏感。有些植物在光照条件下则不易发芽，如百合科植物。

②对胚轴及茎生长的影响。一般在光照强度较弱的条件下幼茎节间能充分延长，在充足的阳光下则茎节间缩短。光有加强组织分化、抑制胚轴伸长、促进木质化的作用。

③对花芽分化、开花时间和花色的影响。光照充足，营养物质积累多，有利于花芽分化，增加结实率。光照强弱可以影响开花，如酢浆草、半支莲在强光照时开花，而在夜间、雨天不开花；而牵牛花、月见草、紫茉莉在早晨或傍

晚日照微弱时才开花。花的颜色与光照强弱也有一定关系，有的在室外花色鲜艳，移到室内则逐渐褪色，有的见光后颜色加深。

④对根系发育的影响。在肥水充足的条件下，光照充足可促进根系生长，形成较大的根/茎比，植物生长良好。

2.5.1.3　植物对光照强度适应的生态类型

在自然界中有些植物在强光下能够正常生长，却不能忍耐蔽荫条件，有些植物则能忍耐蔽荫条件，在较弱的光照条件下也能正常生长。这说明不同植物对光的需要量或植物的耐阴性（即忍耐蔽荫的能力）是不同的。依据植物的耐阴性（实质是指植物利用较弱的林冠下光照的能力）不同，通常划分为以下三种生态类型。

①阳性植物。只能全光照或强光下正常生长发育，不能忍耐蔽荫，在林冠下不能正常完成更新。例如，樟子松、油松、落叶松、侧柏、桦树、杨、柳、刺槐、银杏、臭椿，以及香石竹、瓜叶菊、向日葵、三色苋、甘草、白术、芍药等。

②耐阴植物（或称阴性植物）。能够忍耐蔽荫并在林冠下正常生长与更新，甚至在较弱的光照下有时比在强光下生长良好的植物。但不是光照强度越弱越好，若光照条件低于补偿点就不能正常生长。常见的树种有云杉、冷杉、红豆杉、罗汉松等，花卉中有杜鹃、兰草、地锦等。

③中性植物。中性植物是介于上面两者中间类型的植物，在全日光下能生长良好，也能忍耐适度的蔽荫。一般随着年龄、环境条件的不同表现出不同程度的偏阳性或偏阴性的特征。例如，红松、水曲柳、胡桃、五角枫、枫杨、杉木、榕树、月季、樱花、珍珠梅、夜来香等。

2.5.2　园林实践中光的利用

2.5.2.1　调节光照强度，注意植物的耐阴性

在引种、育苗管理、选择树种、树种搭配、栽植密度、抚育管理等生产环节中，必须重视植物的耐阴性。

对于耐阴树种或易得日灼病的树种，在育苗时可采用遮荫的办法。在温室栽植热带植物，如山茶、杜鹃、兰草等，夏季必须在屋面遮盖苇帘或移到室外帘棚等半阴处。对于阳性树种或为促进苗木的木质化可采用全光或人工加光育苗。在营建人工植物群落时，应注意阳性植物与耐阴植物的合理搭配。在营建种子园或母树林时，必须要适当稀疏，使之通风透光，促进花芽分化，增加结实率。

2.5.2.2　调节日照长度，控制植物开花与花色

在景观植物管理上，尤其是花卉控制开花时间和保持鲜艳的花色，经常采

用人工控制日照长度与强度的办法。

一般对短日照花卉，长日照处理可延迟花期，短日照处理可提早花期，如波斯菊通常是春播后到短日照秋季开花，若调整播种期在温室内冬播，春季给以短日照处理，春夏间即可开花。秋菊属短日照植物，通常10月下旬至11月开花，施行人工短日照处理，7～9月或国庆节即可开花。

对于长日照花卉，长日照处理可提早花期，短日照处理可延迟花期。如唐菖蒲喜充足阳光，长日照有利于花芽分化，但在花芽分化后，短日照处理可促进开花。

对于中间型植物，如香石竹，只要适当温度，全年都能开花。另外，用遮光（黑暗）处理的办法也可以调节花期和花色。蟹爪、仙人掌在低温、高温条件下或短日照及长日照处理都不开花，只有在中温条件下进行短日照处理才能开花，而中温长日照则不能开花。这说明开花不仅与光因子有关，也和温度有一定关系。

在引种上，南种北引时往往由于植物不能进入休眠状态，木质化不好而遭受冻害，若及时采用短日照处理可促进休眠，增强木质化程度，以防冻害。

2.5.2.3　在引种过程中了解植物的光周期的生态类型

引种时要考虑引种地和原产地日照长度的季节变化，以及该种植物对日照长度的敏感性和反应特性，该种植物对温度等其他生态因子的要求。不同植物对光周期的要求不同，只有在适合的光周期下生长才能正常地开花结实。

短日照植物由北方向南方引种时，由于南方生长季节光照时间比北方短，气温比北方高，往往出现生长期缩短、发育提前的现象。

短日照植物由南方向北方引种时，由于北方生长季内的日照时数比南方长，气温比南方低，往往出现营养生长期延长、发育推迟的现象。

长日照植物由北方向南方引种时，则发育延迟，甚至不能开花，若要使其正常发育，则必须满足其对长日照的要求，补充日照时间，才能开花结实。长日照植物由南方向北方引种时，则发育提前。

2.5.3　温度与园林景观植物

温度是植物的重要生态因子。温度的变化直接影响植物的生命活动和生理代谢，从而影响植物的生长发育。植物对原产地的温度变化的长期适应，能从其生长发育特点上反映出适应变化的特点。

2.5.3.1　植物的感温性

植物的生长和发育都要求一定的温度范围，而且在这个范围内，各种温度对植物的作用是不同的，其中有最低温度、最适温度和最高温度（图2－1），称为温度三基点。

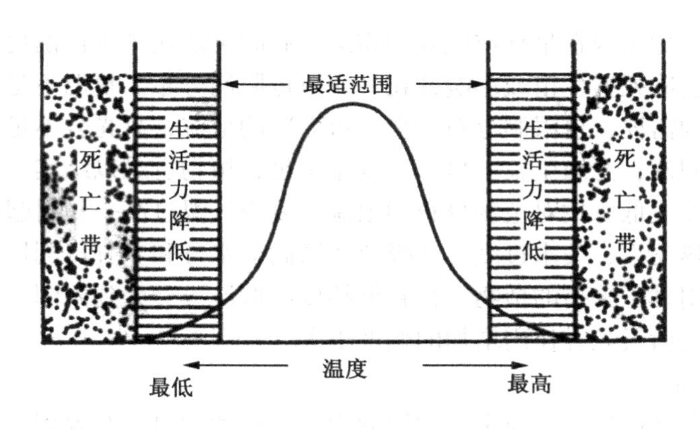

图 2－1　温度三基点示意图

不同种植物及同种植物在不同生长发育阶段的温度三基点是不一样的。原产热带的花卉，生长的基点温度较高，一般在 18 ℃开始生长；原产亚热带的花卉，其生长的基点温度介于前两者之间，一般 15～16 ℃开始生长。例如：在北京冬季零下十余摄氏度的条件下，地下部分不会冻死，翌年春 10 ℃左右即能萌动出土。生长最适温度是最适于生长的温度。热带植物的生长发育与温带植物相比，最适温度高。多数植物枝条生长的最适温度在 20～25 ℃之间。如红松昼夜高生长，在生长初期（5 月份），由于夜温较低，5℃左右，白天气温较高，约 15 ℃，出现白天生长大于夜间的现象。到高生长的中、后期（6 月份），夜温平均达 10 ℃或更高些，白天气温为 20 ℃或更高，则又出现夜间生长超过白天的现象（李景文等，1976）。另外，红松日高生长量，在 5 月中旬，如遇低温（0～－2 ℃），会明显下降。多数树种，根系生长的最适温度比地上部分低。

2.5.3.2　温度对植物分布的影响

温度反映物体的冷热状况，鉴定一地热资源的指标常常取决于日平均气温 10 ℃的积温值、年平均气温、最冷月和最热月温度、极端最低气温和年极端最低气温的平均值、无霜期等。

（1）极端温度的作用

极端温度（最高温度、最低温度）是限制植物分布的最重要条件，如杉不过淮水，樟不过长江，马尾松北界不过华中，苹果树南不过黄河就是受极端温度的限制。

①高纬度和高海拔对植物分布的限制。冬温过低，对植物直接作用是妨碍新陈代谢，使组织结冰，降低水分和养分可利用性以及机械伤害。冬季低温引起的间接影响，如土壤搅动、冻举和泥流作用，都是温度剧烈波动的结果。非

季节性低温，如出现在早秋或晚春的霜冻，有时可能比冬季低温更严重。因这些间接影响会冻死实生苗或影响开花，所以也限制分布。夏温不足，不能满足生长和繁殖的需要，也限制分布。夏季短而凉的地方，总光合不足以补偿呼吸消耗，植物凋落，无净生长。另外，夏温不足，植物也难以结实。

②低纬度或低海拔对植物分布的限制。夏季气温过高，易引起植物新陈代谢紊乱，过热死亡、失水过度、呼吸速率增高、水分和养分可利用性下降。光合、呼吸作用易于平衡的植物，移到低纬度或低海拔会受到限制，这是因为夜间呼吸作用比白天光合作用增加的幅度更大。

（2）积温

在农业和林业生产工作中，常用的积温有活动积温和有效积温两种。

①活动积温。生物在某一生长发育期（或整个生长发育期）内活动温度的总和称为活动积温。

②有效积温。生物在某一生长发育期（或整个生长发育期）内有效温度的总和称为有效积温。

③积温法则。法国学者 Reamnur（1735）从变温动物的生长发育过程中总结出有效积温法则。如今，这个法则在植物生态学和作物栽培中已经得到相当普遍的应用。

（3）年平均气温

只能粗略地说明一地的热状况，而且一年内的温度变化被平滑掉。因此，使用这个温度指标时需要附加最热月和最冷月气温值。

（4）无霜期与生长季

无霜期是指终霜（一般指入春后最末出现的一次霜）后，初霜（一般指入秋后最早出现的一次霜）前所持续的时间。植物生长季是指气象条件有利于植物生长的季节。在四季变化明显的地区，常把无霜期视作生长季。

无霜期与纬度和海拔高度的关系密切，四川盆地和广大的江南地区无霜期300 d以上，长江中下游230 d左右，华北平原和黄土高原约200 d，东北地区150 d左右，黑龙江省的最北部，无霜期更短，在100 d以下。

2.5.3.3 节律性变温对园林植物的作用

节律性变温是指温度随季节和昼夜发生有规律性的变化。植物长期在这种条件下，相应的形成特有的发育节律，如温周期现象和物候特征等。反之，从这些生长发育现象也可以反映出节律性变温的特点。

昼夜变温与温周期现象。

昼夜变温是指一天内的温度随昼夜而发生有规律的变化。植物对昼夜温度变化规律的反应称之温周期现象。如种子萌发、光合作用、呼吸作用、生长和开花等均有温周期现象。昼夜变温对植物的生长发育有着重要的生态作用，主要表现在以下几方面。

①对种子萌发的影响。有些种子在恒温下与变温下发芽同样良好，大部分种子在变温下发芽更好一些，即变温处理可以提高种子发芽率。如水曲柳种子先给以暖温（20 ℃）4 ~5 个月，再给以低温条件（5 ℃）处理4 ~5 个月就可解除休眠，提高发芽率。东北的刺楸种子经稀酸处理后以昼夜变温（5 ~ 15 ℃）处理4 ~5 个月可以使发芽率提高至52.4%，而在15 ℃的恒温条件下发芽率仅为20%，不经处理或始终保持在过低温度（0 ℃）或过高温度（25 ℃以上）则基本不发芽。

②对植物生长的影响。昼夜变温对植物生长有明显的促进作用，一般大陆性气候下的植物，昼夜温差在10 ~15 ℃对生长发育有利；海洋性气候下的植物则以5 ~10 ℃为佳。某些热带植物在没有昼夜变温的条件下反而生长更好。也有个别的植物在夜间高几度的情况下生长则更好，因此在管理上必须注意不同植物对其温度的适应和要求是不同的。

③变温对植物的形态也有影响。紫罗兰在昼夜温度11 ℃时是完全叶，昼夜温度19 ℃时叶子产生裂片，而在昼温19 ℃和夜温11 ℃时，叶虽全缘，但呈波状。

④对植物开花结实与品质的影响。一般植物在适宜的昼夜温差下有利于开花结实，因为这种条件对营养物质的转移和积累具有良好的作用，有利于保花、保果。

白天温度高，光合作用强度大，夜间温度低，呼吸作用弱，物质消耗少，对植物有机物质的积累是有利的。

对苹果树的调查，在夜间温度高，果肉直径小，果实色泽和品质也不好（酸味大）。而昼夜温差10 ℃以上，苹果的品质好（甜），色泽也好。吐鲁番的葡萄、新疆的哈密瓜味甜品质好，就是因为生长在高纬度地区，昼夜温差大，加之气候干燥、长波光（红光）多，因此既有利于碳水化合物的形成，又有利于积累。

2.5.3.4　低温对植物的生态作用

当环境中的温度低于某一温度时，植物的生长发育将受到不良影响，该温度值常称为最低临界温度。低于这个温度植物就要出现伤害。

（1）低温对植物所造成的伤害

低温对植物所造成的伤害一般有以下六种情况。

①寒害（冷害）。在植物生长季节里，温度降低到植物当时所处生长发育阶段的生物学最低温度以下（高于0 ℃），使植物生理活动受到障碍或植物某

些组织受到危害的现象称为低温冷害或低温寒害或冷害。

②冻害。当温度稳定降低到冰点以下，使植物组织出现结冰现象，一般多发生在细胞壁或细胞间隙中，甚至在细胞内也会结冰，导致原生质结构破坏，使细胞丧失生命，称为冻害。多指在严寒季节，植物根系、茎秆和枝条等被冻坏，以致死亡的现象。在我国热带和副热带地区，有些林木越冬时容易遭受冻害。

③霜冻。霜冻是指春、秋植物在生长季节里，由于土壤、植物体表面以及近地面气层的温度骤然降低到 0 ℃以下，致使植物受害，甚至死亡的现象。出现霜冻时，如果空气中水汽饱和，植物表面有霜；如果空气中水汽未达饱和，不出现霜，但温度已降到 0 ℃以下，植物仍受伤害，这种霜冻称“黑霜冻”。霜冻是出现在春、秋季节的短暂降温现象。春季正值林木发芽期，秋季苗木或新梢尚未全部木质化，这时出现霜冻危害严重。每年秋季第一次出现的霜冻称初霜冻（又称早霜冻），春季最后一次出现的霜冻称终霜冻（又称晚霜冻）。春季终霜冻至秋季初霜冻之间的持续期为无霜冻期。无霜冻期与无霜期不一定相等。

④冻拔（冻举）。是间接的低温危害，由土壤反复、快速冻结和融化引起。强烈的辐射冷却使土壤从表层向下冻结，升到冰冻层的水继续冻结并形成很厚的垂直排列的冰晶层。针状冰能把冻结的表层土、小型植物和栽植苗抬高 10 cm，冰融后下落。从下部未冻结土层拉出的植物根不能复原到原来位置。经过几次冰冻、融化的交替，树苗会被全部拔出土壤。遭受冻拔危害的植株易受风、干旱和病源危害。冻拔是寒冷地区造林的危害之一，多发生在土壤黏重：含水量高、地表温度容易剧变的地方。

⑤冻裂。多发生在日夜温差大的西南坡上的林木。下午太阳直射树干，入夜气温迅速下降，由于干材导热慢，造成树干西南侧内热胀、外冷缩的弦向拉力，使树干纵向开裂。受害程度因树种而异，通常向阳面的林缘木、孤立木或疏林易受害。冻裂不会造成树木死亡，但能降低木材质量，并可能成为病虫入侵的途径。东北的山杨、核桃楸、栎、椴等受害重，南方的檫树也常受害。

⑥生理干旱。这是另一种与低温有关的间接伤害。冬季或早春土壤冻结时，树木根系不活动。这时如果气温过暖，地上部分进行蒸腾，不断失水，而根系又不能加以补充，时间长了就会引起枝叶干枯和死亡，称为生理干旱。

植物的受害程度除了和最低温度值有关外，还和降温速度、低温持续时间和温度回升速度、土壤温度等有关。一般来说，降温越快、低温持续时间越长、降温后回升越快，植物受害越严重。

同一种植物的不同发育阶段，抗低温能力不同，即休眠期最强，营养生长期居中，生殖阶段最弱。

（2）植物对低温环境的适应

长期生活在低温环境中的生物通过自然选择，在形态、生理方面表现出很多明显的适应。

在形态方面，北极和高山植物的芽和叶片常受到油脂类物质的保护，芽具鳞片，植物体表面生有蜡粉和密毛，植物矮小并常成匍匐状、垫状或莲座状等，这种形态有利于保持较高的温度，减轻严寒的影响。

在生理方面，生活在低温环境中的植物常通过以减少细胞中的水分和增加细胞中的糖类、脂肪和色素等物质来降低植物的冰点，增加抗寒能力。例如，鹿蹄草（*Pirola*）就是通过在叶细胞中大量贮存五碳糖、黏液等物质来降低冰点的，这可使其结冰温度下降到 -31 ℃。

（3）提高植物抗寒能力的主要途径

抗寒锻炼或称寒冷驯化。以木本植物为例，一般分三个阶段：第一步是预备阶段，进行短日照诱导，使植物生长停止和启动休眠，虽然抗寒性只能提高几度，但往往成为初寒时期生与死的分界线；第二阶段，进行零下低温诱导，霜冻常为触发刺激，诱导后期组织的水合度降低，变得非常抗寒；第三阶段，使植物接受缓慢降至 -30 ~ 50 ℃的低温诱导，细胞发生冰冻脱水和结构上的适应，一些耐寒树种可忍耐液氮或液体空气的超低温。草本植物一般秋季不进入生理休眠，驯化的条件主要是低温。第一阶段多用 5 ~ 2 ℃低温诱导，第二阶段用 0 ~ -2 ℃或 -3 ℃诱导，第三阶段主要依赖于冰冻时间的延长，以引起细胞脱水而继续增强抗性。

2.5.3.5　高温对植物的生态作用及植物的适应

当温度超过一定范围后，即超过最高温度的忍耐界限，原生质就要变性，细胞膜、原生质膜发生破坏，引起植物受害乃至死亡。多数高等植物的最高临界温度是 35 ~ 40 ℃，高于这个温度达到 45 ~ 55 ℃时大部分植物就会死亡。

（1）高温对树木的伤害

高温对树木的伤害主要表现在皮烧和根茎灼伤两个方面。

①皮烧。由于树木受到强烈的太阳辐射，温度增高而引起形成层和树皮组织局部死亡，皮烧多发生在树皮光滑的幼树树干或枝条上。

②根茎灼伤（又称干切）。当土壤表面温度增高到一定程度时，会灼伤幼苗柔弱的根茎。如松柏科植物的幼苗在土温达 40 ℃就要受害，尤其在炎热夏天的中午更容易发生。

（2）植物对高温环境的适应

植物对高温环境的适应表现在形态、生理和行为三个方面。

有些植物生有密绒毛和鳞片，能过滤一部分阳光；有些植物体呈白色、银白色，叶片革质发亮，能反射大部分阳光，使植物体免受热伤害；有些植物叶片垂直排列使叶缘向光或在高温条件下叶片折叠，减少光的吸收面积；还有些植物的树干和根茎生有很厚的木栓层，具有绝热和保护作用。

2.5.3.6 园林景观植物对城市气温的调节作用

（1）城市热岛

城市热岛是城市化气候效应的主要特征之一，是城市化对气候影响最典型的表现。大量的观测对比和分析研究表明，城区气温高于周围郊区，这是城市气候中最普遍存在的气温分布特征。如果绘制等温线图，则形成等温线呈闭合状态的城市高温区，人们把这个高温区比喻为立于周围较低温度的乡村海洋中的孤岛，称为“城市热岛”。

（2）城市热岛的环境效应

城市热岛是一种城市气温高于郊区气温的现象，它对城市生态环境的影响是多方面的，各地区、不同季节城市热岛对城市生态环境的影响都不相同。

要消减城市的热岛效应，可以增加城区水域面积和喷水、洒水设施，提高城市绿地覆盖率。植被不仅能遮阳，吸收转化太阳辐射能，而且蒸腾降温和消耗二氧化碳减低温室效应。

（3）园林景观植物对城市气温的调节作用

园林植物可以吸收、反射太阳光，使到达地面的太阳辐射减弱；另一方面，园林植物可以通过蒸腾作用消耗大量的热量。这样，园林植物可以明显降低城市的温度，减弱城市的热岛效应。例如，长春市的观测结果表明，公园树木可使林内日均温度降低2～3 ℃，气温日较差减小4～5 ℃；草坪使日均温度降低0.5～1.0 ℃，气温日较差减小1.5～2.5 ℃；行道树使日均气温降低1.0～1.5 ℃，气温日较差降低2～3 ℃。绿地的调节作用以中午最明显（表2－1）。

表2－1　长春市动物园内树木、草坪空旷地气温

类别	观测时间							日平均气温/℃	最高气温/℃	最低气温/℃
	06：00	08：00	10：00	12：00	14：00	16：00	18：00			
树木	14.8	20.6	23.0	25.0	25.8	24.5	23.6	20.2	27.8	12.6
草坪	15.2	21.0	23.9	25.9	26.8	25.6	24.2	21.0	29.8	12.2
空旷地	15.6	21.8	24.8	26.8	28.4	26.2	22.8	22.5	31.2	11.8

夏天，绿化地区出现的最高温度要比空旷地要低，而且高温持续时间也明显减少。例如南京市城建局园林处1976年7月23日的观测结果表明，绿化地

区的高温持续时间比无绿化地区减少 3 h 左右而且整日未出现 37 ℃以上的高温，森林公园里未出现 35 ℃以上的高温。这在盛夏季节中对改善市民的工作和生活环境具有重要意义。利用攀缘植物进行垂直绿化，不但能美化环境，也可以起到降低建筑物与室内温度的效应。杭州植物研究所在杭州丝绸厂的观测资料表明，爬满爬山虎的墙面温度比没有绿化的墙面温度低 3 ℃（表 2－2）。

表 2－2　南京市内几个测点 35 ℃以上高温持续时间对比　　h

地　点	类　型	高温持续时间		
		35 ℃以上	37 ℃以上	39 ℃以上
鼓楼广场	无绿化广场	7.5	2.1	0
灵谷寺	森林公园	0	0	0
瑞金路	无绿化街道	7.3	2.0	0.4
中山东路	绿化街道	4.4	0	0
新花苍	无绿化居民区	8.4	2.7	1.4
青石村	绿化居民区	5.1	0	0

2.5.3.7　园林实践中温度的调控与利用

（1）引种

在园林实践中引种已被广泛的应用。大量的实践证明，引种工作中必须要掌握气候相似性，其中温度条件最为重要。

一般北方平原上的植物可在南方阴坡上找到相似的气候条件，低纬度高海拔的植物能在高纬度低海拔地方找到相似的气候条件。如在云南海拔 3000 m 地方生长的云木香可引种到北京海拔 50 m 处栽植。

人们在引种工作中积累了许多经验，归纳起来主要有两条：一是北种南引（或高海拔引种到低海拔）比南种北引（或低海拔引种到高海拔）易成功；二是草本植物比木本植物易成活，一年生植物比多年生植物易成活，落叶树比常绿树易成活，灌木比乔木易成活。

（2）温室栽培

原产于热带、亚热带及暖温带的植物，在我国北方地区不能露地越冬。如仙客来、君子兰、扶桑、巴西木等，为保证它们安全过冬，必须移入温室养护，不同种类花卉在越冬时对温室的温度要求也不同。根据这一特点，人们又把这些花卉分为 4 类。

①冷室花卉。冬季在 1～5 ℃的室内可过冬，如棕竹、蒲葵等。

②低温温室花卉。最低温度在 5～8 ℃可过冬，如瓜叶菊、樱草、海棠、紫罗兰等。

③中温温室花卉。最低温度在8～15 ℃才能过冬，如仙客来、香石竹、天竺葵等。

④高温温室花卉。最低温度要求≥15 ℃才能过冬，如气生兰、变叶木、鸡蛋花、王莲等。

另外，通常在露地栽培的花卉，在冬季利用温室进行栽培，可以促进开花并延长花期，也可在温室内进行春种花卉的提前播种育苗。

（3）荫棚栽培

在园林苗圃景观植物播种育苗中，耐阴性强的植物，种子萌发后，由于幼苗刚出土对剧烈变化的温度以及强光照不适应，需搭荫棚进行遮光处理。仙客来、球根海棠、倒挂金钟在夏季生长不好，都是因为夏季温度太高所致。有些不能忍受强光照射的花卉，需置于荫棚下培养（如杜鹃、兰花等）。夏季软材扦插及播种等，也需在荫棚下进行。

（4）低温贮藏

在园林生产实践中，低温储藏是一种常用的方法，主要用于种子贮藏、苗木贮藏和接穗贮藏。

①种子贮藏。常用的方法是层积贮藏法，即把种子和湿沙混合堆放在一起，温度保持在1～10 ℃，这样既可以使种子在贮藏期间不萌发且保持活力，又可以提高种子播种后的发芽率，如美人蕉、大丽花、百合、银杏等；低温贮藏法是把充分干燥的种子置于1～5 ℃的低温条件下贮藏；水藏法是将某些植物的种子贮藏于水中才能保持其发芽率，如睡莲等。

②苗木贮藏。北方地区秋天起苗后，一般的做法是在排水良好的地段挖窖，然后在窖内放一层苗木，铺一层湿沙，窖温保持在3 ℃左右，这样可以使苗木不萌动，又可以保持苗木的生命活力。

③接穗贮藏。在北方地区采下接穗后，打成捆放入-5～0 ℃的低温窖中，保持接穗活力时间可达8个月，以确保嫁接成功。

低温贮藏首先要经过一定的预冷处理，逐步达到冷藏保鲜等效果。预冷是为了在运输或贮藏前快速去除田间热。对高度易腐的植物，如切花，预冷是必要的。温度越高，衰败发生越迅速，植物在低温下蒸腾速率较慢，因此，进行包装、贮运前的预冷，除去田间热和呼吸热，可大大减少运输中的腐烂、萎蔫。

（5）花期调整

植物的花期也受温度影响。因为温度与植物的休眠密切相关，有的植物因冬季低温而休眠，有的则因夏季高温而休眠，可以通过对温度的调控打破或促进休眠，让植物的花期提前或延迟。一些春季开花的木本花卉，利用加温方法催花，首先要预定花期，然后再根据花卉本身的习性来确定提前加温的时间，再将室温增加到20～25 ℃、湿度增加到80%以上的环境下，牡丹经30、35 d可以开花，杜鹃需40～45 d开花，龙须海棠仅10～15 d就能开花。而需在适当低温条件下开花的桂花，当温度升至17 ℃以上时，则可以抑制花芽的膨大，使花期推迟。

（6）防寒越冬

冬季的严寒会给北方的树木带来一定的危害，因此，在入冬前要做好预防工作。严寒对北方植物的主要危害有树干冻裂，根茎和根系冻伤。

在北方冬季，树干的南面尤其是西南面，白天太阳直接照射，吸收热量多，树干温度高，夜间降温迅速，树干外部冷却收缩快，而由于木材导热慢，树干内部仍保持较高温度，收缩小，结果使树干纵向开裂，这种现象称为树干冻裂（北方称“破肚子”）。这种现象通常幼树发生多，老树少；阔叶树多，针叶树发生少。一般用石灰水加盐或加石硫合剂对树干进行涂白，降低树的昼夜温差，减少树干冻裂。

在树干组织中，根茎生长停止最迟，进入休眠晚，地表突然降温常引起根茎局部受冻，而使树皮与形成层变褐、腐烂或脱落。由于根系没有休眠期，北方冻土较深的地区，每年表层根系都要冻死一些，有些可能大部分冻死。常采取的预防办法是，封冻前浇一次透水，称为灌防冻水，然后在根茎处堆松土40～50 cm厚并拍实。

（7）降温防暑

夏季的过高温度也会给一些植物带来危害，尤其是城市里的园林植物受城市“热岛效应”影响，受害更重些。高温的主要危害有皮伤和根茎灼伤。

预防的办法，加强浇灌，保证树木对水分需求。当土壤表面温度增高到一定程度时，采取早晚喷灌浇水、地表覆草、局部遮阳可以防止或减轻高温的危害。修剪时多保留阳面枝条，可以减少太阳辐射；也可以采用涂白的办法减少热量吸收。

2.5.4 水分与园林景观植物

水分是一切生命存活的必需条件，也是限制园林植物生存、发展的重要生态因子。由于水分条件的差异，使我国由东至西分布着不同的植被类型，形成了形态各异的自然景观，各地进行园林绿化所用的园林植物也各不相同。

水分对园林植物的生态作用：

（1）水分对植物生存的影响

水是生命活动的重要介质。植物从土壤中吸收营养物质，以及各种物质在植物体内的运输和各种生理生化过程的进行，都是在水中进行的。没有水就没有生命，就没有植物。

(2) 水对植物生长发育的影响

水量对植物的生长有一个最高、最适、最低三个基点。低于最低点，植物萎蔫、生长停止；高于最高点，根系缺氧、窒息、烂根；只有在最适范围内，才能维持植物体的水分平衡，以保证植物有最佳的生长条件。

种子萌发时需要较多的水，因水能软化种皮，增强透性，使呼吸加强，同时水能使种子内凝胶状态的原生质转变为溶胶状态，使生理活性增强，促使种子萌发。

(3) 水对植物分布的影响

水分对植物分布起着重要的影响作用。

植被气候分类系统比较普遍，而且种类也复杂多样，其中 Holdridge 分类系统采用年平均生物温度、年降水量和潜在蒸发量来表示自然植被分类系统的一种图式，我国利用修正的 Holdridge 分类系统将我国的植被分为 22 个类型：①热带森林（目前没有）；②亚热带森林；③亚热带型山地森林；④暖温带森林；⑤暖温带型山地森林；⑥冷温带森林；⑦冷温带型山地森林；⑧北方森林；⑨北方型山地森林；⑩温带草原；⑪温带型山地草原；⑫北方型山地草原；⑬温带荒漠；⑭温带型山地荒漠；⑮北方型山地荒漠；⑯高寒草原；⑰高寒草甸；⑱高原荒漠；⑲冻原；⑳冻荒漠；㉑冰雪带；㉒冰缘带。

(4) 水污染对植物的危害

水污染是直接排入水体的污染物使该物质在水体中的含量超过了水体的自净能力，从而破坏了水体原有的性质。水污染物种类及其对植物的危害主要表现在以下几个方面。

①固体污染物。一般所指的固体污染物，主要是指固体悬浮物沉积于灌溉后的土壤上，污染物会堵塞土壤毛细管，影响通透性，造成土壤板结，不利于植物的生长。

②有机污染物。有机污染物指以碳水化合物、蛋白质、脂肪、氨基酸等形式存在的天然有机物质及某些其他可生物降解人工合成的有机物质。该类物质少量进入水体，影响并不大，但超过了水的自净能力，就会大量消耗水中的溶解氧，水就失去了自我净化能力。

③油类污染物。油类污染物主要来自含油废水，当水体中的油量稍多时，在水面上形成一层油膜，使大气与水面隔绝，破坏了正常的充氧条件，导致水体缺氧，会严重影响植物的通气和光合作用。

④有毒污染物。水中的有毒污染物主要指无机化学毒物、有机化学毒物和放射性物质。

无机化学毒物主要指重金属及其化合物。大多数重金属离子及其化合沉淀于水底的沉积层中，长期污染水体，水体中的动物和植物会由于大量富集而造成危害。

有机化学毒物，主要指酚、苯、硝基物、有机农药、多氯联苯、多环芳香烃、合成洗涤剂等，这些物质具有较强的毒性。

⑤生物污染物。生物污染物是指废水中含有的有害微生物，如病原菌、炭疽菌、病毒及寄生性虫卵等。它们在水中能使有机物腐败、发臭，是引起水质恶化的罪魁祸首。对人和动、植物也会引起病害，影响健康和正常的生命活动，严重时会造成死亡。

⑥营养物质污染物。这里的营养物质污染物是指氮、磷、钾等营养物质。在人类生产、生活影响下，大量的有机物和化肥用量的50%以上未能被植物吸收利用的氮、磷、钾等营养物质大量进入河流、湖泊、海湾等缓流水域，引起不良藻类和其他浮游生物迅速繁殖，水体溶解氧含量下降，水质恶化，鱼类及其他生物大量死亡，这种现象叫富营养化。

2.5.5 大气与园林景观植物

大气是指地球表面到高空1 100～1 400 km范围内的空气层或大气圈。它能阻止紫外线等短光波辐射到达地面，吸收长波和红外线辐射，使地球不至于像其他星球那样发生昼夜温度剧变，从而有利于生物的生存；大气和生物体之间不断地进行气体交换，为生物体提供了重要的生存条件。

2.5.5.1 城市大气的特点

城市是工业、交通和生活集中的地区。随着城市化进程的迅速发展，使城市的大气成分中人为地增加了若干种含量多变的有毒气体和物质。城市污染物平均浓度高于农村，据监测，目前已有百余种大气污染物，其中对人类环境威胁较大、影响范围较广的污染物有煤粉尘（二氧化硫与烟粒混合而成）、二氧化硫、一氧化碳、二氧化氮、一氧化氮、硫化氢和氨等。城市大气中一些主要空气污染物的浓度见表2－3。

表2－3 城市大气中一些空气污染物的浓度

污染物	CO_2	CO	SO_2	NOx	HC	O_3	氯化物	颗粒物
浓度／（μg/g）	300～1 000	1～200	0.01～1	0.01～1	1～20	0～0.8	0～0.8	0.07～0.7／（g/m^3）

2.5.5.2 大气污染与园林植物的生态关系

大气质量的优劣对人类和整个生态系统有着非常密切的关系。然而正是由于人类在生产、生活等活动中向大气排放越来越多的污染物质，致使大气质量恶化，产生了大气污染问题。

（1）大气污染物及其对园林植物的危害

①二氧化硫。SO_2 是无色而有很强刺激性的气体，在大气中分布广、影响大、历史久，常作为大气污染的一个主要指标。

短时间高浓度 SO_2 暴露后，最先在叶缘和叶脉间出现暗绿色水渍斑。植物组织脱水后和失绿后，多数阔叶植物受害部位呈浅灰色至白色，某些植物呈褐色和红色。SO_2 慢性伤害一般表现为叶片失绿或黄化，常出现在叶脉间组织，伤斑一般在气孔周围出现，形状各异。

综合一些报道材料表明，对二氧化硫抗性较强的花卉有金鱼草、蜀葵、美人蕉、金盏花、百日草、晚香玉、鸡冠、大丽花、唐菖蒲、玉簪、凤仙花、扫帚草、石竹、菊花、野牛草等。

②臭氧。O_3 是光化烟雾的主体，它对植物的危害，在国外已越来越引起人们的重视。在美国，把大气污染造成作物的损失 90% 归于 O_3 的作用。

O_3 还能抑制根茎的发育和生长，抑制发芽，引起落叶落果。

O_3 危害首先在成年叶片上发生，幼叶则不易出现可见症状。低浓度长时期暴露下，阔叶植物则可能出现条点病、漂白症、萎黄症。

③氯气。氯气属于局部地区性的污染物，是具有强烈气味而令人窒息的黄绿气体。Cl_2 引起的植物急性伤害症状与 SO_2 相似。通常受害后植物易出现水渍斑，水渍消失后出现褐色斑，伤斑主要在叶脉间出现，呈不规则点状和块状，并往往伴随大量落叶。伤害特点是受伤组织和健康组织间无明显界限，浓度低时出现褪绿现象。但也有少数树木，如山桑、梓树受害后只失水萎蔫，不出现其他症状。

④氨。氨的密度小于空气，化工、制药、食品、制冷、合成氨工业生产中常有氨排放。氨水在运输、贮存、田间施用过程中也有氨挥发到大气中。氨的植物毒性较小，低浓度时反而可作为营养被植物吸收，高浓度氨一般为事故性排放，一般持续时间不常，不至于对植物生长发育造成不可逆影响。在保护地中大量施用有机肥或无机肥常会使 NH_3 含量过多，对花卉生长不利。

⑤乙烯。乙烯是一种大气污染物，同时又是植物的内源激素，植物本身能产生微量乙烯，控制、调节其生长发育过程。

⑥颗粒物。颗粒物是指固体或液体的小离散体。小至分子大小的颗粒，大至粒径 10 μm 以上的颗粒都属颗粒物。

综上所述，各种有毒气体对植物的危害不同，植物的受害症状也不同。城市园林绿化植物中树木大量落叶，影响生长，影响环境美化；落花落果，影响产量和品质；影响植物的生长，使产量下降，收益减少；降低抗病虫害的能力。

（2）园林植物对大气污染的监测

一般可用理化仪器和生物方法。生物方法中主要是用植物监测，即利用一些对有毒气体特别敏感的植物来监测大气中有毒气体的种类与浓度，并用以指示环境被污染的程度。简而言之，是依据某些植物在受到大气污染物的危害后所表现的症状差异，推断出环境污染的范围与污染物的种类与浓度。这种用植物检测大气污染程度的办法称为植物监测法，所用的植物叫做监测植物。此法除具有经济、方便和较为有效的优点外，还具有以下一些特点：

①便于早期发现大气污染。各种花卉对有害气体的抗性差异很大。大家都希望选用抗性强的种类，但是，决不能忽视那些对有害气体特别敏感的植物。在低浓度的有害气体下，往往人们还没有感觉时，它们已表现出受害症状，如 SO_2 在 1 ~5 mg/L 时人才能闻到气味，在 10 ~20 mg/L 时才感到有明显的刺激，引起咳嗽和流泪，而敏感植物（如紫花苜蓿等）则在 0. 3 ~0. 5 ms/L 时便产生明显受害症状，所以在污染地区选用敏感植物作为“报警器”，可起指示作用，监测大气污染程度。

②能够反映出几种污染物的综合作用的强度。有些污染物共存时，比各自单独存在时对植物的危害大，即增效作用，如 SO_2 与 O_3，NO_2、乙醛共存时，对植物的危害增强；而有些污染物共存时，则表现出相互有减弱的作用，即拮抗作用，如 SO_2 与 NH_3。这种增效作用和拮抗作用是理化仪器很难测出来的，而用植物监测法较容易测出几种污染物的综合作用。

③监测污染物的种类和浓度。不同污染物所形成的危害症状不同，根据危害症状，初步判断污染物的种类；也可以通过危害症状的面积大小估测污染物的浓度。但这只能是定性和估测，最好结合测定植物体内污染物的成分与数量进一步确定。

常见的敏感指示园林植物有：监测二氧化硫的植物：向日葵、波斯菊、百日草、紫花苜蓿、黄槐、山丁子、紫丁香等。

监测氯气的植物：百日草、波斯菊、糖槭、女贞、油松、美国白松等。

监测氮氧化物的植物：秋海棠、向日葵等。

监测臭氧的植物：矮牵牛、丁香、女贞、银槭、梓树等。

监测过氧乙酰硝酸酯的植物：早熟禾、矮牵牛等。

监测大气氟的植物：地衣类、唐菖蒲、杏、李、欧洲赤松等。

监测氯化氢的植物：落叶松、部分李属、部分槭属等。

2.5.6 土壤与园林植物

土壤是园林生态系统中物质和能量交换的重要场所。土壤最根本的特性是具有肥力。土壤中的水、气、养分和热量综合状况决定土壤肥力的高低。可见土壤不是单一的生态因子，而是一个综合的生态因子。土壤肥力是影响园林植物生长好坏的重要因素。在诸多的生态因子中，人们常发现不容易改变气候因子，但能改变土壤因子，这就增加了研究土壤的重要性。

2.5.6.1 土壤的组成

土壤是由固体、液体和气体三相物质组成的疏松多孔体。固体部分包括矿物质土粒和土壤有机质及生活在土壤中的微生物和动物。土壤矿物质的质量占固体部分的95%以上，有机物质质量不到5%。土壤有机质一般包在矿物质土粒外面。固体部分含有植物需要的各种养分并构成土壤的骨架，为植物生长提供机械支持。

(1) 土壤的酸碱性

土壤酸碱性是指土壤溶液的酸碱程度。

土壤酸碱性是土壤的基本性质，也影响土壤养分的有效性。土壤酸碱性的强弱，通常用酸碱度来衡量，酸碱度的高低用 pH 表示。土壤 pH 是指土壤溶液中 H^+ 浓度的负对数值。我国土壤酸碱度分为以下7级：

强酸性 pH <4.5　　微碱性 pH 为7.5 ~8.0

酸　性 pH4.6 ~5.5　　碱性 pH 为8.1 ~9.0

微酸性 pH5.6 ~6.5　　强碱性 pH 为 >9.0

中　性 pH6.6 ~7.4

我国土壤的 pH 变化在4 ~9，多数 pH 在4.5 ~8.5 范围内，极少低于4 或高于10。长江以北地区的土壤，多属中性至碱性，长江以南的土壤多为酸性至强酸性，只有在石灰性母岩上发育的土壤 pH 在7.0 ~8.0。“南酸北碱”反映了我国土壤酸碱度情况的地区性差异。

(2) 土壤的缓冲性能

在一定的条件下，土壤中加入酸、碱物质时，土壤有抵抗或缓和酸碱变化的能力，称为土壤的缓冲性能。这说明土壤在一定范围内具有缓和酸碱物质，稳定土壤反应的能力。这一特性使土壤避免了因施肥、根系呼吸、微生物活动而出现酸碱度的大幅度变化。

(3) 土壤养分

土壤养分是指依靠土壤供给的、植物生长发育所必需的营养元素，包括大量元素和微量元素。在自然土壤中，土壤养分主要来源于土壤矿物质和土壤有机质，其次是地下水、大气降水等。

①土壤矿质土粒风化所释放的养分。矿质土粒中不含有氮素，它们在风化中释放的是其他无机养分，包括大量元素和微量元素。由于不同成土母质的矿物组成不同，因此风化产物中所含养分的种类和数量也不相同。

②有机物质分解释放的养分。土壤中氮、磷及硫等养分元素绝大部分以有机态形式积累和贮藏在土壤中，它们在土壤中的含量与土壤有机质含量密切相关。由于土壤有机质的分解比岩石矿物风化的速度快，因此由土壤有机质提供的这些养分元素所占的密度也较大。

③土壤微生物的固氮作用。共生和非共生的固氮微生物的固氮作用可以给土壤增加氮素。

④大气降水。大气中因雷电，工业废气和烟尘等所产生的各种硫或氮的氧化物及氨和氯等气体，还有镁、钾、钙等物质，可随雨雪进入土壤。如大气降水也给土壤输入养分。

⑤施肥。施肥是农田、苗圃地土壤养分的主要来源。

2.5.7 园林景观植物对土壤的适应

土壤因子的生态作用是通过土壤中水、肥、气、热等因子而体现的。植物借助其根系固定在土壤中，并从其中吸收几乎全部所需的营养，同时植物又不断地改变着土壤的物理、化学和生物性质。由于植物对于长期生活的土壤产生一定的适应特性，因此形成了以土壤为主导因素的植物生态类型。

2.5.7.1 园林植物对土壤养分的适应

土壤养分是植物生长发育的基础，不同的土壤类型，对植物的供养能力不同。通常按照植物对土壤养分的适应状况将其分为两种类型：耐瘠薄植物和不耐瘠薄植物。

不耐瘠薄植物对养分的要求较严格，营养稍有缺乏就能影响它的生长发育。在养分供应充足时，植株生长较快，长势良好，一般具有叶片相对发达，枝繁叶茂，开花结实量相应增多等特征。

较多花卉特别是一、二年生的草本花卉，对养分的要求较高，养分缺乏时，不但生长受抑制，且开花量及其品质都下降，甚至不开花；木本植物中不耐瘠薄的有槭、核桃楸、水曲柳、椴、红松、云杉、白蜡树、榆树、苦楝、香樟、夹竹桃、玉兰、水杉等。

耐瘠薄植物是对土壤中的养分要求不严格，或能在土壤养分含量低的情况下正常生长。耐瘠薄的植物种类较多，特别是一些从长期生活在瘠薄环境引种过来的植物，木本中的丁香、树锦鸡儿、樟子松、油松、旱柳、刺槐、臭椿、合欢、皂荚、马尾松、黑桦、蒙古栎、紫穗槐、沙棘、枯橡李柳树等，草本花卉中的星星草、结缕草、月季、高羊茅、马蔺、地被菊、荷兰菊等均属此类。

2.5.7.2　园林植物对土壤酸碱性的适应

一般植物对土壤 pH 值的适应范围在 pH 值为 4～9 之间，但最适范围在中性或近中性范围内。对于特定植物来讲，其适应范围有所不同，如表 2-4 所示为部分植物适宜的土壤 pH 值范围。按照植物对土壤酸碱性的适应程度笼统的分为酸性植物、中性植物和碱性植物。

表 2-4　部分园林植物、花卉、草坪草适宜的土壤 pH 值范围

植物种类	适宜 pH 值	植物种类	适宜 pH 值
兰科植物	4.5～5.5	美人蕉	5.5～6.5
蕨类植物	4.5～5.5	朱顶红	5.5～7.0
杜鹃花	4.5～5.5	印度橡皮树	5.5～7.0
山茶花	4.5～6.5	一品红	6.0～7.0
马尾松	4.5～6.5	秋海棠	6.0～7.0
杉木	4.5～6.5	文竹	6.0～7.0
铁线莲	5.0～6.0	郁金香	6.0～7.5
仙人掌科	5.0～6.0	风信子	6.0～7.5
百合	5.0～6.0	水仙	6.0～7.5
冷杉	5.0～6.0	牵牛花	6.0～7.5
云杉属	5.0～6.5	三色堇	6.0～7.5
棕榈科植物	5.0～6.3	金鱼草	6.0～7.5
松属	5.0～6.5	火棘	6.0～8.0
椰子类	5.0～6.5	泡桐	6.0～8.0
大岩桐	5.0～7.0	榆树	6.0～8.0
海棠	5.0～6.5	杨树	6.0～8.0
毛竹	5.0～7.0	大丽花	6.0～8.0
水杉	5.0～8.0	唐菖蒲	6.0～8.0
香樟	5.0～8.0	芍药	6.0～8.0
仙客来	5.5～6.5	勿忘草	6.5～7.5
菊花	5.5～6.5	石竹	7.0～8.0
毛白杨	7.0～8.0	早熟禾	5.0～7.8

酸性植物：是在酸性或微酸性土壤的环境下生长良好或正常的植物，如红松、云杉、油松、马尾松、杜鹃、山茶、广玉兰等。

中性植物：在中性土壤环境条件下生长良好或生长正常的植物，如丁香、银杏、糖槭、雪松、龙柏、悬铃木、樱花等。

碱性植物：在碱性或微碱性土壤条件下生长良好或正常的植物，如柽柳、紫穗槐、沙棘、沙枣、柳、杨、侧柏、槐树、白蜡、榆叶梅、黄刺梅、牡丹等。

（1）园林植物对盐渍土的适应

土壤盐渍化是指易溶性盐分在土壤表层积聚的现象或过程，土壤盐渍化主要发生在干旱、半干旱和半湿润地区。按照植物对土壤盐渍化的适应程度可将其分为耐盐植物和不耐盐植物。一般认为盐分对植物的危害程度为氯化镁 > 碳酸钠 > 碳酸氢钠 > 氯化钠 > 氯化钙 > 硫酸镁 > 硫酸钠，不同植物对土壤含盐量的适应性不同。林业上曾按照树木对不同地区、不同盐分的适应进行耐性分级，并对各地区的耐盐植物进行分类（表 2-5）。

表 2-5　主要耐盐树种耐盐能力一览表

盐碱土区	土壤含盐量/%	树　种
滨海海浸盐渍区	0.1～0.2	毛白杨、八里庄杨、青杨、小叶杨、白城杨、合作杨、小美旱、小青×钻、唐柳、丝绵木、落羽杉、侧柏、白榆、白蜡、刺槐、皂角、合欢、槐树
	0.2～0.4	桑树、臭椿、冬枣、黄杨、金丝垂柳、紫叶李、旱柳、乌桕
	0.4～0.6	柽柳、沙枣、枸杞、紫穗槐
东北苏达—碱化盐渍区	0.1～0.2	桦、黄菠萝胡桃楸、山杏、旱柳、桃叶卫矛、水曲柳、花曲柳、紫椴、山杨、糖槭、爆竹柳、丁香、榆叶梅
	0.2～0.3	刺槐、臭椿、小叶杨、中东杨、小青杨、梓树、樟子松、白榆
	0.3～0.4	胡枝子、锦鸡儿、枸杞、柽柳
黄海海斑盐渍区	0.2～0.3	小叶杨、加拿大杨、大关杨、八里庄杨、合作杨、小美旱、白城杨、毛白杨
	0.3～0.5	新疆杨、枣树、侧柏、白榆、白蜡、杜梨、槐树、刺槐、皂角、臭椿、桑树、合欢、紫穗槐
	0.5～0.7	柽柳、枸杞、沙枣
宁夏片状盐渍区	0.2～0.4	新疆杨、箭杆杨、钻天杨、辽杨、小黑杨、小叶杨、白城杨、旱柳、大叶白蜡
	0.4～0.6	银白杨、白柳、小叶白蜡、山杏、杜梨、刺槐、皂角、臭椿、紫穗槐
	0.6～0.8	柽柳、枸杞、胡杨、沙枣
甘新青藏内流高寒盐渍区	0.3～0.5	新疆杨、箭杆杨、钻天杨、辽杨、大黑杨、青杨、黑杨、大叶白蜡
	0.5～0.7	银白杨、白柳、小叶白蜡、杜梨、刺槐、皂角、白榆、紫穗槐、桑树
	0.7～1.0	柽柳、枸杞、胡杨、沙枣

另外，在园林上应用非常广泛的草坪对盐分也具有不同的适应，如旱地型草的耐盐顺序为匍匐剪股颖 > 地毯草 > 多年生黑麦草 > 细叶羊草 > 草地早熟禾 > 细弱剪股颖，暖地型草的耐盐顺序为狗牙根 > 结缕草 > 钝叶草 > 斑点雀稗 > 地毯草 > 假俭草。

（2）园林植物对钙质土的适应

根据植物对土壤中钙盐的反应，把植物划分为钙质土植物（喜钙植物）和嫌钙植物。

钙质土植物是在含钙丰富的土壤中才能生长良好的植物，如南天竹、野花椒、蜈蚣草、铁线蕨、柏木、朴树、黄连木、甘草、亚麻、棉花、葡萄等。

嫌钙植物是在缺钙土壤上生活的植物，如越橘属、杜鹃属、松属中的一些种等。

喜钙植物并非生活中需要很多钙离子，而是由于钙离子可以改善土壤的理化性质，如促进团粒结构和通气性等等。而嫌钙植物常是在缺钙时使土壤呈现酸性反映，这种酸性反应的土壤恰恰是喜钙植物不能生存的。

（3）园林植物对沙质地的适应

我国北半部分布有绵延数千里的沙区，经常风沙弥漫，沙的流动性很大，干旱少雨，光照强烈，温度剧变，适应这种沙区生活的植物称为沙生植物。

沙生植物的生理特性：果实和种子生有刺毛、囊等结构，易被风传播，防止流沙埋没；被沙埋没时茎上容易形成不定根，或在被风暴露的根上形成不定芽，如沙竹、油蒿、沙拐枣、白梭梭等。

2.5.8 植物营养与施肥

土壤不仅为植物起着固定和支持作用，同时也是植物吸收养分的场所。在土壤养分不足的情况下，通过合理施肥来满足植物对养分的需求。

2.5.8.1 植物生长所必需的营养元素

植物体的组成十分复杂。一般新鲜植物体含有 75% ~95% 的水分，5% ~25% 的干物质。

根据许多科学家的研究，高等植物所必需的营养元素有 16 种。它们是：碳、氢、氧、氮、磷、钾、钙、镁、硫、铁、硼、锰、铜、锌、钼和氯。在 16 种必需营养元素中，除碳、氢、氧来自空气和水以外，其他的营养元素都来自土壤。除豆科植物可以从空气中获得一部分氮素外，非豆科植物所需的氮素，也只能从土壤中吸取（表2-6）。

表 2-6　常用微量元素肥料的种类和性质

种类	肥料名称	主要成分	微量元素含量/%	主要性状
硼肥	硼砂	$Na_2B_4O_7 \cdot 10H_2O$	11	白色结晶或粉末，在 40 ℃热水中易溶，不吸湿性状同硼砂
	硼酸	H_3BO_3	17.5	
	硼泥	含硼、钙、镁等元素	0.5~2	主要成分能溶于水，是硼砂、硼酸工业的废渣。呈碱性，中和后施用
	硼镁肥	$H_3BO_3 \cdot MgSO_4$	1.5	灰色粉末，主要成分溶于水，是制取硼酸的残渣，含 MgO 20%~30%
	含硼过磷酸钙	$Ca(H_2PO_4)_2 \cdot H_3BO_3$	0.6	用酸处理硼泥和磷矿粉制成。含 MSO 10%~15%，含 P_2O56% 左右，灰黄色粉末，主要成分易溶于水
钼肥	钼酸铵	$(NH_4)_6Mo_7O_{24} \cdot 4H_2O$	50~54	青白色或黄白色结晶，易溶于水，含氮 6%
	钼酸钠	$NaMoO_4 \cdot 2H_2O$	35~39	
	钼渣	重工业含钼废渣	5~15	青白色结晶，易溶于水
	含钼玻璃肥		2~3	杂色粉末，难溶于水，含有效钼 1%~3%
				难溶，粉末状
锌肥	硫酸锌	$ZnSO_4 \cdot 7H2_O$	23~24	白色或浅橘红色结晶，易溶于水，不吸湿
		$ZnSO_4 \cdot H_2O$	35~40	白色结晶，易溶于水
	氯化锌	$ZnCl_2$	70~80	白色粉末，难溶于水，能溶于稀醋酸、氨或碳酸铵溶液中
	氧化锌	ZnO		
锰肥	硫酸锰	$MnSO_4 \cdot 3H_2O$	26~28	粉红色结晶，易溶于水
	氯化锰	$MnCl_2 \cdot 4H_2O$	7	粉红色结晶，易溶于水
	锰矿泥		6~22	难溶于水，是炼锰工业废渣
铁肥	炼铁炉渣	$FeSO_4 \cdot 7H_2O$	1~6	难溶于水
	硫酸亚铁	$(NH_4)_2SO_4 \cdot FeSO_4$	19~20	淡绿色结晶，易溶于水
	硫酸亚铁铵	$6H_2O$	14	淡绿色结晶，易溶于水
铜肥	硫酸铜	$CuSO_4 \cdot 5H_2O$	24~26	蓝色结晶，易溶于水
	含铜矿渣		0.3~1	又称黄铁矿渣，难溶于水

2.5.8.2　有机肥料

有机肥料是指富含大量有机物的肥料。大部分是就地取材，利用天然柴草、动、植物残体、人粪尿、牲畜粪尿、河泥、垃圾、泥炭等做原料，经人工堆积或加工制成的。它所含营养元素比较齐全，属于完全肥料，又称农家肥料。

①人粪尿。人粪尿是人体内新陈代谢的废弃物，是由人粪和尿组成。含氮量高，可作氮肥使用，新鲜的人粪尿呈碱性，腐熟后呈酸性。含有 70%~

90%的水分、20%的有机质、5%的灰分。特点是养分含量高，分解快，肥效迅速，适用于各种植物。

②厩肥。厩肥是家畜粪尿与垫料、饲料的残渣混合积制而成的肥料。厩肥是含养分较全，肥效较高的有机完全肥料。一般情况下，厩肥平均养分含量为氮0.5%、磷0.2%、钾0.6%。厩肥因家畜种类不同，消化系统、消化能力不一样，因而表现在粪质的粗细，含水量的多少以及粪肥分解腐熟的快慢不一，发热的量不同。

③堆肥。堆肥是利用秸秆、垃圾、绿肥、污泥等混合不同的泥土、粪水堆积腐熟而成的肥料。一般分为普通堆肥和高温堆肥两种，堆肥时应控制好水分、空气、温度和材料的碳氮比及酸碱度，方可在较短时间内获得腐熟的有机肥料。

④饼肥。饼肥是用含油分较高的植物种子经过榨油后剩下的残渣制成的，是一种优质的有机肥料。我国的饼肥资源丰富、种类多，在园林方面应用广泛（表2-7）。

表2-7　饼肥养分含量表　%

种类	有机质	氮（N）	磷（P_2O5）	钾（K_2O）
花生饼	75.0	6.32	1.17	1.34
油菜子饼	75.0	4.60	2.48	1.40
大豆饼	75.0	7.00	1.32	2.13

2.5.9　植被分布的地带性

植被在陆地上的分布，主要决定于气候条件，特别是其中的热量和水分条件，以及两者组合状况。由于太阳辐射、海陆分布、大气环流和大地形等综合作用的结果，热量和水分的有规律分布决定了植被相应的分布规律，即水平地带性（经度地带性和纬度地带性）和垂直地带性分布规律。

2.5.9.1　植被分布的纬度地带性

植被沿纬度方向有规律地更替的植被分布，称为植被分布的纬度地带性。

由于太阳辐射提供给地球的热量有从南到北的规律性差异，因而形成不同的气候带。与此相应，植被也形成带状分布，从世界陆地植被的基本规律可以看出，特别在非洲西部、东亚和西欧，植被的纬度地带性是十分清晰的。从南到北依次出现热带雨林、亚热带常绿阔叶林、温带夏绿阔叶林、寒温带针叶林、寒带冻原和极地荒漠。

2.5.9.2　植被分布的经度地带性

由于海陆分布，大气环流和大地形等综合作用的结果，从沿海到内陆，降水量逐渐减少。因此，在同一热量带，各地水分条件不同，植被分布也发生明显的变化。由于北美大陆东临大西洋，西濒太平洋，东西两岸降水多、湿度大、温度高，发育着各类森林植被，又由于南北走向的落基山脉，阻挡了太平洋湿气向东运行，使中西部形成干旱气候。因此，从东向西，植被依次更替为森林—草原—荒漠—森林。我国温带地区，植被分布的经向变化十分突出。

根据植被分区，可以了解各植被区中地带性森林植被及主要森林概况。

（1）寒温带针叶林区域

本区位于大兴安岭北部山地，是我国最北的一个植被区。区域内一般海拔700～1 100 m，山势和缓，山顶浑圆而分散孤立，无山峦重叠现象，亦无终年积雪山峰，气候条件比较一致，植被类型比较单纯。

本区域为我国最冷的地区，年平均温度在0 ℃以下，冬季（年平均气温低于10 ℃）长达9个月。无霜期90～110 d。

（2）温带针阔叶混交林区域

本区域包括松辽平原以北，松嫩平原以东的广阔山地，南端以丹东为界，北部延至黑河以南的小兴安岭山地，全区成一新月形。本区范围广大，山峦重叠，地势起伏显著，形成较复杂的山区地形。主要包括小兴安岭、完达山、张广才岭、老爷岭以及长白山等山脉。这些山脉海拔大多低于1 300 m，长白山最高，海拔高达2 744m。

本区域的地带性植被是以红松为主的温带针阔混交林，一般称为红松阔叶混交林。阔叶树种主要有紫椴、枫桦、水曲柳、花曲柳、黄檗、糠椴、千金榆、胡桃楸、春榆及多种槭树等；林下灌木有毛榛、刺五加、丁香等；藤本植物有猕猴桃、山葡萄、北五味子、南蛇藤、木通、马兜铃等。

本地区北部地带，组成森林的主要树种有云杉、冷杉和落叶松，在以红松为主的针阔叶混交林内往往混生有冷杉、云杉和落叶松。更由于局部地形变化，如山地阴坡、窄河两岸，以及谷间低湿地，气候冷湿，且常有永冻层存在，已接近寒温带的自然条件，则形成小面积寒温性针叶林，镶嵌在本区域地带性植被—针阔叶混交林间。

（3）暖温带落叶阔叶林区域

本区域位于北纬32°30′～42°30′之间，北与温带针阔叶混交林区域相接，南以秦岭和淮河为界，西自甘肃省的天水向西南经礼县到武都与青藏高原相分，东为辽宁的辽东半岛和山东的胶东半岛，大致呈东宽西窄的三角形。全区域西高东低，明显地可分为山地、平原和丘陵。山地分布在北部和西部，平均海拔高度在1 500 m以上，有些高山超过3 000 m（如太白山），这些山地是落叶阔叶林分布的地方。丘陵分布在东部，包括辽东丘陵和山东丘陵，海拔平均不到 500 m，少数山岭超出 1 000 m。这些丘陵是落叶林所在地。

本区域的地带性植被为落叶阔叶林，以栎林为代表。辽东栎分布于辽东半岛北部并沿燕山山脉向西到冀、晋、陕、甘、豫各省。麻栎主要分布于辽东半岛南部、山东、河南、安徽、江苏等省栓皮栎在西部各省多于东部地区；锐齿栎多见于南部各省海拔较高处，其他各省则多零星分布。此外，在各地还有以桦木科、杨柳科、榆科、槭树科等树种所组成的各种落叶阔叶林。针叶树中松属往往形成纯林或与落叶阔叶树种混交，从而居于优势地位。组成针叶林的另一树种为侧柏，在某些环境下可以成为建群种，并广泛分布于各地。此外，在山区还可见到云杉属、冷杉属与落叶松属的树种组成的针叶林。

（4）亚热带常绿阔叶林区

我国亚热带地区的范围特别广阔，约占全国总面积的 1/4，其北界在秦岭、淮河一线，南界大致在北回归线附近的南岭山系，东界为东南海岸和台湾岛以及沿海诸岛，西界基本上是沿西藏高原的山坡向南延至云南的西疆。长江中下游横贯本区中部，地势西高东低，西部海拔多在 1 000 ~ 2 000 m，东部多为 200 ~ 500 m 的丘陵山地，气候温暖湿润，年平均温度 15 ~ 24 ℃，无霜期 250 ~ 350 d，年降雨量一般高于 1 000 mm，仅最北部为 750 mm。土壤以红壤和黄壤为主，另外北部还有黄褐土和黄棕壤，南部有砖红壤化红壤，并有局部的石灰性物质发育的中性石灰土。

常绿、落叶阔叶混交林主要分布于北亚热带，为亚热带至暖温带的过渡植被类型。乔木层组成主要有青冈属、润楠属的常绿种类和栎属、水青冈属的落叶种类。灌木层主要由山矾属、杜鹃属等所组成。草本层常见的有苔草属以及淡竹叶、沿阶草和狗脊等。

本区域自然地理条件优越，气候温和，降水充沛均匀，树木种类繁多，而且有很多珍贵树种如银杏、水松、水杉、银杉等。

（5）热带雨林、季雨林区域

这是我国最南部的一个植被区域。东起台湾省东部沿海的新港以北，西达西藏亚东以西，南端位于我国南沙群岛的曾母暗沙（4°N），北界较曲折，东部地区大都在北回归线附近，即 21° ~ 24°间，但到云南西南部，因受横断山脉影响，其北界升高到 25° ~ 28°N，而在藏东南的桑昂曲附近更北偏至 29°N 附近。除个别高山外，一般多为海拔数十米的台地或数百米的丘陵盆地。

年平均温度约在 22 ℃以上，全年基本无霜，年降水量一般在 1 200 ~ 2 200 mm，典型土壤为砖红壤。

我国热带雨林是我国所有森林类型中植物种类最为丰富的一种类型。主要有龙脑香科、梧桐科、楝科、桑科、无患子科、樟科、大戟科、使君子科、远志科、桃金娘科、夹竹桃科、番荔枝科、茜草科和紫金牛科等植物。

热带雨林常表现为层次多而不清，树干高大挺直，树皮光滑色浅而厚，大乔木具板根或支柱根、气生根，有的乔木老茎生花，叶尖滴水，林内附生植物、寄生植物和藤本植物发达。我国热带季雨林树种丰富，常见的落叶树种有木棉科的木棉，漆树科的厚皮树，含羞草科的合欢、金合欢，楝科的楝、麻楝等。

与热带雨林比较，热带季雨林的特点是：种类较少，群落的高度较低，结构亦较简单，旱季有的乔木落叶、林内藤本和附生植物亦较少。

本区域是我国热量和降水量最丰富的地区，生长着种类极其繁多的森林植物和动物，又是我国唯一的橡胶种植区。

（6）温带草原区域

我国温带草原区域，是欧亚草原区域的重要组成部分，包括松辽平原、内蒙古高原、黄土高原以及新疆北部的阿尔泰山区，面积十分辽阔，以开阔平缓的高平原和平原为主体，包括半湿润的森林草原区、半干旱的典型草原区和一部分荒漠草原区。地带性植被是以针茅属为主的丛生禾草草原，但在半湿润区的低山丘陵北坡和沙地、沟谷等处也有岛状分布的森林，在山区的垂直带上也常有森林带的出现。我国温带草原区内，大体上有以下三种类型的垂直带谱。

①温和湿润型。如大兴安岭南段和大青山，基带为草原，往往依次为山地落叶林带、山地寒温针叶林带、亚高山灌丛、草甸带。由于这类山地海拔比较低，垂直带谱不完整。

②温和干旱型。如贺兰山与马衔山，基带为荒漠草原，往上为典型山地草原和山地灌丛草原（森林草原）。在草原带上部，为一狭窄的或极度简化的落叶阔叶林带（灰榆疏林），再上依次为寒温性针叶林带（阳坡），亚高山灌丛，亚高山草甸带。

③寒温干旱型。如阿尔泰山东南段，基带为荒漠草原，草原带之上为寒温性针叶林带，再往上为高寒草原及高山稀疏植被带。

（7）温带荒漠区域

本区域包括新疆的准噶尔盆地与塔里木盆地、甘肃与宁夏北部的阿拉善高原，以及内蒙古自治区鄂尔多斯台地的西端，约占我国土地面积的1/5，其中，沙漠与戈壁面积约有 1×10^{8} hm^{2}。荒漠区域的中央距离四周海洋均在2 000~3 000 km以上，且有高原、大山阻挡，气候极端干燥，冷热变化剧烈，风大沙多，年降水量低于200 mm，气温的年较差和日较差为全国之最，一般年较差为26.0~42.0 ℃，极端日较差可达30.0~40.0 ℃。

植被主要决定于气候和土壤，它是气候和土壤的综合反映，所以地球上气候带、土壤带和植被带是相互平行、彼此对应的。这种情况在东欧平原表现最为清楚。那里由于地形的均一和母岩在很大程度上的一致，气候从西北到东南平稳地发生改变。夏季温度可能蒸发量向东南增高，而降雨减少，干旱性变得越来越明显。森林带和森林草原带之间的界线相当于湿润区和干旱区之间的界线。这意味着此线以北年降水量超过可能蒸发量，此线以南，可能蒸发量高于年降水量，在内流低地会形成盐渍化土壤，植被自西北至东南，依次为冻原—森林冻原—泰加林—针阔叶混交林—落叶阔叶林—森林草原—草原—荒漠。

综上所述，植物环境的地带性的形成是植物环境各组成要素之间的内在联系性和空间组合性。它们相互联系、相互作用并结合成一个整体。

3 城市绿地分类

新中国成立以来，有关的行政主管部门、研究部门和学者从不同的角度出发统计过多种绿地的分类方法。世界各国由于国情不同，绿地规划、建设、管理、统计的机制不同，所采用的绿地分类方法也不统一。

本标准从我国的具体情况出发，根据各地区主要城市的绿地现状和规划特点，以及城市建设发展尤其是经济与环境同步发展的需要，参考国外有关资料，以绿地的功能和用途作为分类的依据。由于同一块绿地同时可以具备游憩、生态、景观、防灾等多种功能，因此，在分类时以其主要功能为依据。

本标准将绿地分为大类、中类、小类三个层次，共5大类、13中类、11小类，以反映绿地的实际情况以及绿地与城市其他各类用地之间的层次关系，满足绿地的规划设计、建设管理、科学研究和统计等工作使用的需要。

为使分类代码具有较好的识别性，便于图纸、文件的使用和绿地的管理，本标准使用英文字母与阿拉伯数字混合型分类代码。大类用英文GREEN SPACE（绿地）的第一个字母G和一位阿拉伯数字表示，中类和小类各增加一位阿拉伯数字表示，如G_1表示公园绿地，G_{11}表示公园绿地中的综合公园，G_{111}表示综合公园中的全市性公园（表3－1）。

本标准同层级类目之间存在着并列关系，不同层次类目之间存在着隶属关系，即每一大类包含着若干并列的中类，每一中类包含着若干并列的小类。

表3－1　绿地分类

类别代码			类别名称	内容与范围	备　注
大类	中类	小类			
G_1			公园绿地	向公众开放，以游憩为主要功能，兼具生态、美化、防灾等作用的绿地	
	G_{11}		综合公园	内容丰富，有相应设施，适合于公众开展各类户外活动的规模较大的绿地	
		G_{111}	全市性公园	为全市居民服务，活动内容丰富，设施完善的绿地	
		G_{112}	区域性公园	为市区内一定区域的居民服务，具有较丰富的活动和内容设施完善的绿地	

续表 3－1

类别代码			类别名称	内容与范围	备　注
大类	中类	小类			
G1	G12	G121	社区公园	为一定居住用地范围内的居民服务，具有一定活动内容和设施的集中绿地	不包括居住组团绿地
			居住区公园	服务于一个居住区的居民具有一定活动内容和设施，为居住区配套建设的集中绿地	服务半径 0.5 ~ 1.0 km
		G122	小区游园	为一个居住小区、区的居民服务，配套建设的集中绿地	服务半径 0.3 ~ 0.5 km
	G12		专类公园	具有特定内容或形式，有一定游憩设施的绿地	
		G131	儿童公园	单独设置，为少年。儿童提供游戏及开展科普、文体活动，有安全、完善设施的绿地	
		G132	动物园	在人工饲养条件下，移地保护野生动物，供观赏、普及科学知识，进行科学研究和动物繁育，并具有良好设施的绿地	
		G133	植物园	进行植物科学研究和引种驯化，并供观赏、游憩及开展科普活动的绿地	
		G134	历史名园	历史悠久，知名度高，体现传统造园艺术并被审定为文物保护单位的园林	
		G135	风景名胜公园	位于城市建没用地范围内，以文物古迹、风景名胜点（区）为主形成的具有城市公园功能的绿地	
		G136	游乐公园	具有大型游乐设施，单独设置，生态环境较好的绿地	绿地占地比例应大于等于65%
		G136	其他专类公园	除以上各种专类公园外具有特定主题内容的绿地。包括雕塑园、盆景园、体育公园、纪念性公园等	绿化占地比例应大于等于65%
	G13		带状公园	沿城市道路、城墙、水滨等，有一定游憩设施的狭长形绿地	
	G14		街旁绿地	位于城市道路用地之外，相对独立成片的绿地，包括街道、广场绿地、小型沿街绿化用地等	绿化占地比例应大于等于65%
G2			生产绿地	为城市绿化提供苗木、花草种子的苗圃、花圃、草圃等圃地	

续表 3－1

类别代码			类别名称	内容与范围	备　注
大类	中类	小类			
G_3			防护绿地	城市中具有卫生、隔离和安全防护功能的绿地。包括卫生隔离带、道路防护绿地、城市高压走廊绿带、防风林，城市组团隔离带等	
G_4			附属绿地	城市建设用地中绿地之外各类用地中的附属绿化用地。包括居住用地、公共设施用地工业用地、仓储用地、对外交通用地、道路广场用地、市政设施用地和特殊用地中的绿地	
	G_{41}		居住绿地	城市居住用地内社区公园以外的绿地，包括组团绿地、宅旁绿地，配套公建绿地，小区道路绿地等	
	G_{42}		公共设施绿地	公共设施用地内的绿地	
	G_{43}		工业绿地	工业用地内的绿地	
	G_{44}		仓储绿地	仓储用地内的绿地	
	G_{45}		对外交通绿地	对外交通用地内的绿地	
	G_{46}		道路绿地	道路广场用地内的绿地，包括行道树绿带、分车绿带、交通岛绿地，文通广场和停车场绿地等	
	G_{47}		市政设施绿地	市政公用设施	
	G_{48}		特殊绿地	特殊用地内的绿地	
G_5			其他绿地	对城市生态环境质量、居民休闲生活、城市景观和生物多样性保护有直接影响的绿地。包括风景名胜区、水源保护区、郊野公园、森林公园、自然保护区、风景林地、城市绿化隔离带、野生动植物园、湿地垃圾填埋场恢复绿地等	

3.1 城市绿地分类中的名称说明

3.1.1 公园绿地

公园绿地：是城市中向公众开放的、以游憩为主要功能，有一定的游憩设施和服务设施，同时兼有健全生态美化景观、防灾减灾等综合作用的绿化用地。它是城市建设用地、城市绿地系统和城市市政公用设施的重要组成部分，是表示城市整体环境水平和居民生活质量的一项重要指标。

3.1.1.1 社区公园

在城市化发展过程中，一方面是城市生活水平的提高使居民的生活范围发生了变化，另一方面是城市开发建设的多元化使开发项目的单位规模多样化，“社区”的概念既可以从用地规模上保证覆盖面，同时强调社区体系的建立和社区文化的创造。“社区”的基本要素为：①有一定的地域；②有一定的人群；③有一定的组织形式、共同的价值观念、行为规范及相应的管理机构；④有满足成员的物质和精神需求的各种生活服务设施。因此，“社区”与“居住用地”基本上是吻合的。“社区公园”是强调“居住区公园”和“小区游园”的公园性质，与居民生活关系密切，必须和住宅开发配套建设，合理布局，但不再计入“附属绿地”中重复统计。

3.1.1.2 带状公园

带状公园常常结合城市道路、水系、城墙而建设，是绿地系统中颇具特色的构成要素，承担着城市生态廊道的职能。“带状公园”的宽度受用地条件的影响，一般呈狭长形，以绿化为主，辅以简单的设施。带状公园的最窄处必须满足游人的通行、绿化种植带的延续以及小型休息设施布置的要求。

3.1.1.3 街旁绿地

街旁绿地是散布于城市中的中小型开放式绿地，虽然有的街旁绿地面积较小，但具备游憩和美化城市景观的功能，是城市中量大面广的一种公园绿地类型。

3.1.1.4 生产绿地

不管是否为园林部门所属，只要是为城市绿化服务，能为城市提供苗木、草坪，花卉和种子的各类圃地，均应作为生产绿地，而不应计入其他类型。其他季节性或临时性的苗圃，如从事苗木生产的农田，不应计入生产绿地。单位内附属的苗圃，应计入单位用地，如学校自用的苗圃，与学校一并作为教育科研设计用地，在计算绿地时则作为附属绿地。

由于城市建设用地指标的限定和苗木供应市场化，生产绿地已显现出郊区化的趋势。因此，位于城市建设用地范围外的生产绿地不参与城市建设用地平衡，但在用地规模上应达到相关标准的规定。

圃地具有生产的特点，许多城市中临时性存放或展示苗木、花卉的用地，如花卉展销中心等不能作为生产绿地。

3.1.1.5　防护绿地

防护绿地是为了满足城市对卫生、隔离、安全的要求而设置的，其功能是对自然灾害和城市公害起到一定的防护或减弱作用，不宜兼作公园绿地使用。

3.1.1.6　附属绿地

“附属绿地”一词能够准确地反映出包含在其他城市建设用地中的含义。“附属绿地”不能单独参与城市建设用地平衡。

由于附属绿地的分类与城市建设用地的类别紧密相关，为方便本标准的使用，特将《城市用地分类与规划建设用地标准》中相关内容摘录如下表3－2所示。

表3－2　城市用地分类与规划建设用地标准

类别名称	范　　围
居住用地	居住小区、居住街坊、居住组团和单位生活区等各种类型的成片或零星的用地
公共设施用地	居住区及居住区级以上的行政、经济、文化、教育、卫生、体育以及科研设计等机构和设施的用地，不包括居住用地中的公共服务设施用地
工业用地	工矿企业的生产车间、库房及其附属设施等用地，包括专用的铁路。码头和道路等用地。不包括露天矿用地
仓储用地	仓储企业的库房、堆场和包装加工车间及其附属设施等用地
对外交通用地	铁路、公路、管道运输、港口和机场等城市对外交通运输及其附属设施等用地
道路广场用地	市级、区级和居住区级的道路、广场和停车场等用地
市政公用设施用地	市级、区级和居住区级的市政公用哎施用地，包括其建筑物、构筑物及管理维修设施等用地
特殊用地	特殊性质的用地，如军事用地、外事用地、保安用地等

3.1.1.7　居住绿地

居住绿地在城市绿地中占有较大比重，与城市生活密切相关，是居民日常使用频率最高的绿地类型。但它是附属于居住用地的绿化用地，不能单独参加城市建设用地平衡。“居住绿地”不包括“居住区公园”和“小区游园”。

3.1.1.8　其他绿地

其他绿地是指位于城市建设用地以外生态景观、旅游和娱乐条件较好或亟项改善的区域，一般是植被覆盖较好、山水地貌较好或应当改造好的区域。这类区域对城市居民休闲生活的影响较大，它不但可以为本地居民的休闲生活服务，还可以为外地和外国游人提供旅游观光服务，有时其中的优秀景观甚至可以成为城市的景观标志。其主要功能偏重生态环境保护、景观培育、建设控制、减灾防灾、观光旅游、郊游探险、自然和文化遗产保护等。如风景名胜区、水源保护区，有些城市新出现的郊野公园、森林公园，自然保护区、风景林地、城市绿化隔离带、野生动植物园、湿地、垃圾填埋场恢复绿地等。由于上述区域与城市和居民的关系较为密切，故应当按城市规划和建设的要求保持现状或定向发展，一般不改变其土地利用现状分类和使用性质。

其他绿地不能替代或折合成为城市建设用地中的绿地，它只是起到功能上的补充、景观上的丰富和空间上的延续等作用，使城市能够在一个良好的生态、景观基础上进行可持续发展。“其他绿地”不参与城市建设用地平衡，它的统计范围应与城市总体规划用地范围一致。

3.1.2　城市绿地的计算原则与方法

3.1.2.1

计算城市现状绿地和规划绿地的指标时，应分别采用相应的城市人口数据和城市用地数据；规划年限、城市建设用地面积、规划人口应与城市总规划一致，统一进行汇总计算。

3.1.2.2

绿地应以绿化用地的平面投影面积为准，每块绿地只应计算一次。

3.1.2.3

绿地计算所用图纸比例、计算单位和统计数字精确度均应与城市规划相应阶段的要求一致。

3.1.2.4

绿地的主要统计指标应按下列公式计算：

（1）$A_{g1m} = A_{g1}/N_p$

式中：A_{g1m}——人均公园绿地面积，m^2/人；

A_{g1}——公园绿地面积，m^2；

N_p————城市人口数量，人。

（2）$A_{gm} = (A_{g1} + A_{g2} + A_{g3} + A_{g4}) / N_p$

式中：A_{gm}——人均绿地面积，m^2/人；

A_{g1}——公园绿地面积，m^2；

A_{g2}——生产绿地面积，m^2；

A_{g3}——防护绿地面积，m^2；

A_{g4}——附属绿地面积，m^2；

N_p——城市人口数量，人。

（3）$\lambda_g = [(A_{g1} + A_{g2} + A_{g3} + A_{g4}) / A_c] \times 100\%$

式中：λ_g——绿地率,%；

A_{g1}——公园绿地面积，m^2；

A_{g2}——生产绿地面积，m^2；

A_{g3}——防护绿地面积，m^2；

A_{g4}——附属绿地面积，m^2；

A_c——城市的用地面积，m^2。

3.1.2.5

绿地的数据统计应按表3-3的格式汇总。

表3-3　城市绿地统计表

序号	类别代码	类别名称	绿地面积/m^2		绿地率/%（绿地点城市建设用地比例）		人均绿地面积/（m^2/人）		绿地占城市总体规划用地比例/%	
			现状	规划	现状	规划	现状	规划	现状	规划
	G_1	公园绿地								
2	G_2	生产绿地								
3	G_3	防护绿地								
小计										
4	G_4	附属绿地								
中计										
5	G_5	其他绿地								
合计										

备注：____年现状城市建设用地____ hm^2，现状人口____万人；

____年规划城市建设用地____ hm^2，规划人口____万人；

____年城市总体规划用地____ hm^2。

3.1.2.6

城市绿化覆盖率应作为绿地建设的考核指标。

3.2 城市绿地的计算原则与方法的说明

（1）绿地作为城市用地的一种类型，计算时应采用相应的城市人口数据和城市用地数据，以利于用地指标的分析比较，增强绿地统计工作的科学性。

（2）绿地面积应按绿化用地的平面投影面积进行计算，坡地不能以表面积计算。每块绿地只计算一次，不得重复。

（3）《城市用地分类与规划建设用地标准》对城市规划不同阶段用地计算的图纸比例、计算单位、数字统计精确度作了明确规定，绿地计算时应与城市规划相应阶段的要求一致，以保证城市用地统计数据的整合性。

（4）为统一绿地主要指标的计算工作，便于绿地系统规划的编制与审批，以及有利于开展城市间的比较研究，本标准提出了人均公园绿地面积、人均绿地面积，绿地率三项主要的绿地统计指标的计算公式。

现就三项指标的计算公式做如下说明：①可以用于不同的城市用地统计范围，如城市中心区、城市建设用地、城市总体规划用地等，一般在绿地系统规划中和无特指的情况下，均以城市建设用地范围为用地统计范围，即：计算公式中的 A_c 一般指城市建设用地面积；②三项指标的计算公式既可以用于现状绿地的统计，也可以用于规划指标的计算，但计算时应符合①条的规定，即用于现状绿地统计时，采用城市现状人口和城市现状建设用地数据、用于规划指标计算时，采用城市规划人口和城市规划建设用地数据，这些数据均应与城市总体规划一致。

（5）表3－3中的“小计”、“中计”、“合计”项是为了便于与城市总体规划相协调。“小计”项中扣除“小区游园”后与《城市用地分类与规划建设用地标准》中的“绿地”中的一致；“中计”项与“城市建设用地平衡表”相对应；“合计”项可以得出绿地占城市总体规划用地的比例。因为城市建设用地和城市总体规划用地是城市总体规划与城市建设统计中使用的两个不同的用地范围，所以本标准提出针对这两个用地范围的绿地率指标，以反映不同空间层次的绿化水平。

4 城市园林绿地规划

城市园林绿地是以丰富的园林植物，完整的绿地系统，优美的景观和完备的设施发挥改善城市生态、美化城市环境的作用，为广大人民群众提供休息、游览、开展科学文化活动的园地，增进人民身心健康，同时还承担着保护、繁殖、研究珍稀濒危物种的任务。优美的园林景观和良好的城市环境是吸引投资、发展旅游事业的基础条件。城市园林绿化关系到每一位居民，渗透各行各业，覆盖全社会。园林绿化促进城市经济和社会系统的健康发展。随着经济发展和社会繁荣，园林绿化事业的地位和社会需求将不断提高。

城市园林绿地规划、设计、施工、养护、管理、服务、生产、科研、教育等几个环节，密切相关。在国民经济中，形成了独立的产业体系，同时又与城市规划和市政公共设施建设以及园艺、育种、植保、林业、气象、水利、环保、环卫、文化、文物、旅游、商业、服务等项事业发展密切相关或相包容，又具有一定的综合性，要同城市各项建设密切结合，协调发展。从总体上看，城市绿化事业具有为其他产业和人民生活服务的性质，是城市社会保障和社会服务系统中的组成部分，属于第三产业。其中园林树木、花卉和其他绿化材料的培育、养护同于种植业，有第一产业特点。园林绿化施工及专用设备材料制造，与建设业和制造业相似，有第二产业特点。（表 4－1）

表 4－1　绿地的功能

功能	目　的	效　果	对应设施
A 心理功能	①文化修养 ②美化环境 ③舒 适 感	热爱家乡，建设城市，建设家乡，建设村镇，热爱本单位，精神愉快	城市公园、居民区公园、儿童公园、村镇森林、街道绿化、工厂绿化、住宅区绿化、市民美化运动
B 防灾功能		防止噪声、防振动、防火灾、防水灾、防其他灾害	道路绿化、工厂绿化、住宅绿化、缓冲绿地、防风林、城市园林
C 卫生功能	①净化空气 ②净化水体	防尘、防烟，防灾，供给氧气、空气对流、保温、降温、水体净化	自然公园、城市公园，行道树、缓冲绿地、城市园林
D 体育保健功能	①运动 ②娱乐	体育保健、休养、娱乐	城市公园、学校绿化、城市休养区、绿化的街道广场、自行车道

从以上的绿地功能分类来看，绿地具有多方面的效益。除了心理功能属于柔性的效益之外（使人们获得美的和愉快的精神效益），其他各项均属于硬性的功能，如保护环境、防止灾害、体育保健、文化教育、结合生产等。

4.1 城市园林绿地系统规划的任务

①确定城市园林绿地系统规划的原则。

②选择和合理布局城市各项园林绿地，确定其位置、性质，范围、面积。

③根据国民经济计划、生产和生活水平及城市发展规模，研究城市园林绿地建设的发展速度与水平，拟定城市绿地的各项指标。

④提出城市园林绿地系统的调整、充实、改造、提高的意见；提出园林绿地分期建设及重要修建项目的实施计划，以及划出需要控制和保留的绿地。

⑤编制城市园林绿地系统的图纸和文件。

⑥对于重点的大型的公共绿地，还需提出示意图和规划方案，根据实际情况，应提出重点园林绿地的设计任务书，内容包括绿地的性质、位置、周围环境、服务对象、估计游人量、布局形式、艺术风格，主要设施的项目与规模，完成建设年限、建设的投资估算等，作为园林绿地详细规划的依据。

4.2 城市园林绿地指标

反映城市园林绿地水平的指标，可以有多种表示方法，目的是为了能反映绿化的质量与数量，并要求便于统计，指标名称要求与城市规划的其他指标名称相一致。过去仅用“公共绿地”一项指标，不能全面反映一个城市的园林绿化水平。因此，目前采用下列六种。

①城市园林绿地总面积（公顷）＝公共绿地＋居住绿地＋附属绿地＋交通绿地＋风景区绿地＋生产防护绿地

②每人公共绿地占有量/（m^2/人）$=\frac{\text{市区公共绿地面积（公顷）}}{\text{市区人口（万人）}}$

③城市绿化覆盖率（%）$=\frac{\text{市区各类绿地覆盖面积总和（公顷）}}{\text{市区面积（公顷）}}\times 100\%$

④市区公共绿地面积率（%）$=\frac{\text{市区公共绿地面积}}{\text{市区面积}}\times 100\%$

⑤苗圃拥有量（亩/千米^2）$=\frac{\text{城市苗圃面积（亩）}}{\text{市区（建成区）面积（千米}^2\text{）}}\times 100\%$

⑥每人树木占有量（株/人）$=\dfrac{\text{市区树木总数（株）}}{\text{市区人口（人）}}$

4.2.1 城市绿化覆盖率计算

绿化覆盖面积是指乔灌木和多年生草本植物的覆盖面积，按植物的垂直投影测算，但乔木树冠下重叠的灌木和草本植物不再重复计算。覆盖率是园林绿地现状效果的反映，它作为一个园林绿地的指标的好处，不仅如实地反映了绿地的数量，从而大体了解到绿地环保功能作用的大小，而且可以促使绿地规划者在考虑树种规划时，注意到树种选择与配植，使绿地在一定时间内达到规划的覆盖率指标——根据树种各个时期的标准树冠推算，这对于及时起到绿化的良好效果是有促进作用的。

正因为覆盖率是经常变动的，快长树一年可增加一倍以上的覆盖面积，而在树木更新时期，又可在一年之内大大减少覆盖面积，为了经常保证起码的覆盖率，就促使我们要注意树种的搭配，根据树种的寿命和不同时期的冠幅，合理地进行树木更新。

总之，覆盖率指标是较好地反映了城市环境保护的效果，也是大力实现普遍绿化的实践中提出来的一个指标，应该作为城市绿化效果的代表，以绿化覆盖面积占总用地面积的百分比表示。

由于覆盖面积的大小与树龄、树种有关，而各城市地理位置不同，树种比例及树龄构成差异很大，因此绿化覆盖面积只能是概略性的估算，各个城市可以根据自身情况和特点，由专业人员，通过典型调查推算，如：

居住区绿地及专用绿地绿化覆盖面积

＝〔一般庭园树平均单株树冠投影面积×单位用地面积平均植树数（株/公顷）×用地面积〕＋草地面积

道路交通绿地绿化覆盖面积

＝〔一般行道树平均单株树冠投影面积×单位长度平均植树数（株/千米）×已绿化道路总长度〕＋草地面积

行道树覆盖面积计算方法。

一般行道树株距为5～6 m，除去横道口、电杆、消防水栓、大院出入口等不能栽植的数量，估计两侧单行树每千米约300株左右，单株树木的树冠覆盖面积一般按6～9 m^2 计算（也有按4～8 m^2），全市已植树道路总长度乘以每公里行道树覆盖面积，即可得出行道树的覆盖面积，也有的城市以绿化道路总长度乘以两行树8 m宽计算。（有几行算几行，每行宽度按4 m计）。道路绿化的覆盖面积除乔灌木垂直投影面积外，所有铺设草皮的面积也要加入，由于道路绿化覆盖面积系估计数，所以一般的交通岛绿地，也折算成行道树绿地面积中。覆盖面积与绿地面积之间，一般不作直接对比，以免出现“绿地越少，覆盖增长倍数越高”的错觉，掩盖了绿地不足的矛盾。

由于城市绿化覆盖面积的计算方法目前比较繁琐，而且又不够精确，因此，统计工作开展比较困难，但随着航测及人造卫星摄影技术的推广使用，要掌握一个城市的绿化覆盖面积，不仅可能，而且还能定期取得其变化的数据。

4.2.2 苗圃用地的计算（测算）

苗圃用地面积可以根据城市绿地面积及每公顷绿地内树木的栽植密度，估算出所需的大致用苗量。然后，根据逐年的用苗计划，用以下公式计算苗圃用地面积。苗圃用地面积的需要量，应会同城市园林管理部门协作制定。

苗圃面积 = 育苗生产面积 + 非生产面积（辅助生产面积）

亦即：$苗圃面积 = \left[\frac{每年计算生产苗木数量（株）\times 平均育苗年限}{单位面积产苗量（株/公顷）}\right] \times (1+20\%)$

（注：苗圃中需20%辅助生产面积用地）

4.3 城市园林绿地系统布局

4.3.1 城市园林绿地系统规划的原则

4.3.1.1 城市园林绿地系统规划应结合城市其他部分的规划综合考虑

绿地在城市中分布很广，潜力较大，园林绿地与工业区布局、公共建筑分布、道路系统规划应密切配合、协作。例如在工业区和居住区布局时，就要设置卫生防护需要的隔离林带。在河湖水系规划时，就要安置水源涵养林带及城市通风绿带。在生活居住用地范围内，接近居住区的地段，开辟各项公共绿地。在公共建筑、住宅群布置时，就要考虑到绿化空间对街景变化、城市轮廓线、“对景”、“框景”的作用，把绿地有机地组织进建筑群中去。不应出现先建筑后种树的“填空白”的被动局面，在进行城市街道网规划时，尽可能将沿街建筑红线后退，预留出街道沿街绿化用地，要根据道路的性质、功能、宽度、朝向、地上地下管线位置，建筑间距、层数等，统筹安排，在满足交通功能的同时，要考虑植物生长的良好条件，因为行道树的生长，需在地上地下占据一定的空间，需要适宜的土壤与日照条件。

4.3.1.2 城市园林绿地系统规划，必须因地制宜

我国地域辽阔，各地区城市情况错综复杂，自然条件及绿化基础各不相同。因此城市绿地规划必须结合当地自然条件，现状特点，各种园林绿地必须根据地形、地貌等自然条件、城市现状和规划远景进行选择，充分利用原有的

名胜古迹、山川河湖，组成美好景色。因此，在选择城市的工业区及工业布点时，应全面考虑，使这些工业地段，远离风景或休疗养地区。

我国文化历史悠久，各地名胜古迹丰富。在城市园林绿地规划时，有意识地将其组织到园林绿地系统中，并成为园林绿地的有机组成部分。

在城市中，除了对现有保留的文物建筑、园林遗址加以保存和扩建外，有些历史上著名的古建筑和园林遗址，虽然今已荡然无存，在经过调查研究，确实有修建价值的，可以考虑重建，并结合园林绿地布置，丰富城市的文化生活内容。河北省承德市的避暑山庄，从现存的许多建筑、碑刻和其他文物，为研究我国统一多民族国家巩固和发展的历史，揭露沙俄的侵略罪行，提供了许多重要的证据和实物资料。因此热河避暑山庄的修复是有其重要的政治意义。同时这组园林是祖国珍贵的历史文物遗产，将是广大群众进行休息游览及进行爱国主义教育的场所。承德市也由于避暑山庄的存在，使城市增色不少，又如北京有重点文物古迹46处，已与公园绿地结合的有16处，北京市属14个大公园中，就有12个是在原有名胜古迹的基础上形成的。

4.3.1.3　城市园林绿地应均衡分布，满足全市居民休息游览需要

城市中各种类型的绿地承担着不同的任务，以公共绿地中的公园为例，大型公园设施齐全，活动内容丰富，可以满足劳动人民在节假日休息游览、文化体育活动的需要。而分散的小型公园、街头绿地以及居住小区内的绿地，则可以满足劳动人民经常休息活动的需要，各类园林在城市用地范围内大体上应均匀分布应考虑一定的服务半径，根据各区的人口密度来配植相应数量的公共绿地，保证居民能方便的利用。

但往往在人口密度大、建筑密集的地区，可供作园林绿地的地块少，在规划中就需要积极开辟公共绿地，尽量多争取满足该区居民的绿地的需要。

根据我国城市建设的经验，在旧城改建过程中，首先发展小型公园绿地优点较多。

①投资少、建设期短、收益显著。

②美化街景、美化市容、改善局部小气候条件。

③接近居民，利用率高，便于老年人及儿童就近活动休息。

④便于发动居民就地参加建园、管理、养护工作。

⑤有利于地震区临震时就近疏散，及形成隔离防护带。

大型公园绿地往往由于城市的开拓，建设力量投资不足和用地分配问题，常离市中心较远，居民使用频率较低；但大型公园则设施齐全，活动内容丰富，对改善城市小气候效果作用大，在可能条件下，大小绿地都应兼顾为好。

城市中的中小型绿地的布置必须按照服务半径，使附近居民在较短时间内

就可步行到达。联合国出版的一份有关城市绿地规划的报告中，把绿地分为五级，每级规定有：面积、每人定额及服务半径。前苏联的城市规划规范也把市内公共绿地分成三级，定出每人的定额指标。

这些都是为了均匀分布的目的而提出的，见表4－2、表4－3。

表4－2　公园内部用地比例　　%

陆地面积/hm²	用地类型	公园类型											
		综合性公园	儿童公园	动物园	专类动物园	植物园	专类植物园	盆景园	风景名胜公园	其他专类公园	居住区公园	居住小区游园	带状公园	街旁游园
<2	Ⅰ	—	15~25	—	—	—	15~25	15~25	—	—	—	10~20	15~30	15~30
	Ⅱ	—	<1.0	—	—	—	<1.0	<1.0	—	—	—	<0.5	<0.5	—
	Ⅲ	—	<4.0	—	—	—	<7.0	<8.0	—	—	—	<2.5	<2.5	<1.0
	Ⅳ	—	>65	—	—	—	>65	>65	—	—	—	>75	>65	>65
2~<5	Ⅰ	—	10~20	—	10~20	—	10~20	10~20	—	10~20	10~20	—	15~30	15~30
	Ⅱ	—	<1.0	—	<2.0	—	<1.0	<1.0	—	<1.0	<0.5	—	<0.5	—
	Ⅲ	—	<4.0	—	<12	—	<7.0	<8.0	—	<5.0	<2.5	—	<2.0	<1.0
	Ⅳ	—	>65	—	>65	—	>70	>65	—	>70	>75	—	>65	>65
5~<10	Ⅰ	8~18	8~18	—	8~18	—	8~18	8~18	—	8~18	8~18	—	10~25	10~25
	Ⅱ	<1.5	<2.0	—	<1.0	—	<1.0	<2.0	—	<1.0	<0.5	—	<0.5	<0.2
	Ⅲ	<5.5	<4.5	—	<14	—	<5.0	<8.0	—	<4.0	<2.0	—	<1.5	<1.3
	Ⅳ	>70	>65	—	>65	—	>70	>70	—	>75	>75	—	>70	>70

表 4-3 公共绿地分布距离

绿地种类	离居住区距离/km	所耗费时间标准（以分钟计）	
		步 行	用大量交通工具
全市性公园	2~3	30~50	15~20
区 公 园	1~1.5	15~25	10~15
儿童公园	0.7~1.0	10~15	不作规定
花 园	0.8~1.0	12~15	不作规定
小 游 园	0.4~0.5	6~8	不作规定

综上分析，可以归纳为四个结合：即点（公园、游园、花园）、线（街道绿化、游憩林荫带、滨水绿地）、面（分布广大的专用绿地）相结合；大、中、小相结合；集中与分散相结合；重点与一般相结合，构成一个有机的整体。由于各种功能作用不同的绿地相连成系统之后，才能起到改善城市环境及小气候的作用。

4.3.1.4 城市园林绿地系统规划既要有远景的目标，也要有近期的安排，做到远近结合

规划中要充分研究城市远期发展的规模，根据人民生活水平逐步提高的要求，制定出远期的发展目标，不能只顾眼前利益，而造成将来改造的困难。同时还要照顾到由近及远的过渡措施。例如，对于建筑密集、质量低劣、卫生条件差、居住水平低、人口密度高的地区，应结合旧城改造，新居住区规划中留出适当的园林绿化用地。在远期规划为公园的地段内，近期可作为苗圃，既能为将来改造成公园创造条件，又可以防止被其他用地侵占，起到控制用地的作用。

另外，我国森林资源贫乏，且分布不均匀，在人类活动频繁地区及城市周围已经很少有大片的林地，因此在城市边缘，更缺乏真正的森林公园。在国外，近年来十分重视森林公园及国家公园的开辟，已成为当前不少国家园林绿地建设的发展趋势。如日本近年来也重视发展近郊森林，如在东京都、琦玉、千叶等环绕东京的市、县、近郊，自 1967~1971 年，发展近郊绿地和保护区达 12 574 公顷，在这些近郊保留或发展的森林中开辟道路，设置坐椅等休息设施，供人们游憩。

4.3.2 城市绿地布局的形式

我国的城市绿地系统，从形式上可以归纳为下列四种：

4.3.2.1 块状绿地布局

这类情况都出现在旧城改建中，如上海，天津、武汉、大连、青岛等，目

前我国多数城市情况属此类。这种绿地布局形式，可以做到均匀分布，居民方便使用，但对构成城市整体的艺术面貌作用不大，对改善城市小气候条件的作用也不显著。

4.3.2.2　带状绿地布局

这种布局多数由于利用河湖水系、城市道路、旧城墙等因素，形成纵横向绿带、放射状绿带与环状绿地交织的绿地网，如哈尔滨，苏州，西安，南京等地，带状绿地的布局形式容易表现城市的艺术面貌。

4.3.2.3　楔形绿地布局

凡城市中由郊区进入市中心的由宽到狭的绿地称为楔形绿地，如合肥市，一般都是利用河流、起伏地形、放射干道等结合市郊农田防护林来布置。优点是能使城市通风条件好，也有利于城市艺术面貌的体现。

4.3.2.4　混合式绿地布局

是前三种形式的综合运用。可以做到城市绿地点、线、面结合，组成较完整的体系。其优点是：可以使生活居住区获得最大的绿地接触面，方便居民游憩，有利于小气候的改善，有助于城市环境卫生条件的改善；有利于丰富城市总体与各部分的艺术面貌。

城市园林绿地布局，总的目标是要保持城市生态系统平衡，其基本要求是要达到以下所述的条件。

①布局合理。按照合理的服务半径，均匀分布各级公共绿地和居住区绿地，使全市居民都具有同样到达的条件。结合城市各级道路及水系规划，开辟纵横分布于全市的带状绿地，把各级各类绿地联系起来，相互衔接，组成连续不断的绿地网。

②指标先进。城市绿地各项指标不仅要分近期与远期的，还要分别列出各类绿地的指标。

③质量良好。城市绿地种类不仅要多样化，以满足城市生活与生产活动的需要，还要有丰富的园林植物种类、较高的园林艺术水平、充实的文化内容、完善的服务设施。

④环境改善，在居住区与工业区之间要设置卫生防护林带，设置改善城市气候的通风林带，以及防止有害风向的防风林带，起到保护与改善环境的作用。

4.4　城市园林绿化的树种规划

树种规划是城市园林绿地规划的一个重要组成部分，因为绿化的主要材料是树木，树木需要经过多年的培育生长，才能达到预期的效果。树种选择恰当，树木生长健壮，则绿地效益发挥得较好。如果选择失误，树木生长不良，就需要多次变更树种，城市绿化面貌长时间得不到改善，而且苗圃中的育苗情况也受到影响，既损失时间又损失经济。

树种规划工作，一般由城市规划、园林、林业以及植物科学工作者共同配合制定。

4.4.1　树种选择原则

要基本切合森林植被区自然规律，即本地区森林植物植被地理区中所展示的自然规律如云南昆明市，地处云贵高原区，那里基本是北亚热带常绿阔叶与针叶树混交林为主的植被，但落叶阔叶树种却占较大的比例。

4.4.1.1　以乡土树种为主

乡土树种对土壤、气候适应性强，有地方特色，应选择做为城市绿化的主要树种。对已在本地适应多年的外来树种也可选用，也可以有计划地引种一些本地缺少，又能适应当地环境条件的，经济价值高、观赏价值高的树种。但必须经过引种驯化试验，才能推广应用。

4.4.1.2　选择抗性强的树种

抗性强的树种是指对城市中工业排出的“三废”适应性强的树种，以及对土壤、气候、病虫害等不利因素适应性强的树种。

4.4.1.3　速生树种、慢长树种相结合

速生树种早期绿化效果好，容易成荫，但寿命较短，往往在二十到三十年后衰老。慢长树则早期生长较慢，城市绿化效果较慢。因此必须同时注意速生树种和慢长树种的相衔接问题，近期新建城市以速生树种为主，搭配一部分珍贵慢长树种，有计划、分期、分批地逐步过渡。

4.4.2　树种规划的方法

4.4.2.1　调查研究

调查当地原有树种和外地引种驯化的树种，以及它们的生态习性、对环境条件适应性，抗污染性和生长情况。除本地区外，相邻近地区，不同的小气候条件下，各种小地形（洼地、山坡、阴阳坡等）的树种生长情况，以便作进一步扩大树种应用的可行方案的基础资料。

4.4.2.2　确定骨干树种

在广泛调查研究及查阅历史资料的基础上，针对本地自然条件选择骨干树种，如城市干道的行道树种类。因为街道的环境条件恶劣、日照、土壤等条件差，又有各种机械损伤、空气污染，所以树种选择要求比其他绿地严格。从生长条件来看，能适合作行道树的树种，对其他园林绿地也适应。除行道树外，

其他针、阔叶乔木，灌木都要选择一批适应性强、观赏价值或经济价值高的树种，作为骨干树种来推广。骨干树种名录的确定需经过多方面的慎重研究才能制定出来。

4.4.2.3　制定主要的树种比例

制定合理的树种比例，其目的是有计划地生产苗木，使苗木的种类及数量都能符合各类绿地的需要，否则苗木与设计使用对不上口径，使不适用的苗木大量积压。制定树种比例要根据各种绿地的需要，主要安排好以下几个比例。

乔木与灌木的比例：以乔木为主，因为乔木是行道树及庭荫树的骨干。一般占70%。

落叶树与常绿树的比例：落叶树一般生长较快，对“三废”的抗性及适应城市环境较强。常绿树则能使城市一年四季都有良好的绿化效果及防护作用。但常绿树生长较慢，投资也较大。因此一般城市中落叶树比重应大些。当前各地有逐步提高常绿树比重的趋向，可根据各地自然条件，经济和施工力量来确定比例。

4.5　城市园林绿地规划的基础资料及文件编制

4.5.1　基础资料工作

为进行城市园林绿地规划，需要搜集较多的资料，在实际工作中常依据具体情况有所增减。一般除收集有关城市规划的基础资料外，还需要下列资料：

4.5.1.1　自然资料

①地形图。图纸比例为1: 5 000或1: 10 000，通常与城市总体规划图的比例一致。

②气象资料。包括历年及逐月的气温、湿度、降水量、风向、风速、风力、霜冻期、冰冻期等。

③土壤资料。包括土壤类型、土层厚度、土壤物理及化学性质、不同土壤分布情况、地下水深度、冰冻线等。

4.5.1.2 现状资料

①现有绿地的位置、范围、面积、性质、质量、及可利用的程度。

②名胜古迹、革命旧址、历史名人故址、各种纪念地的位置、范围、面积、性质、周围情况及可利用的程度。现有河湖水系的位置、流量、流向、面积、深度、水质卫生情况及可利用程度。

③现有河湖水系的位置、流量、流向、面积、深度、水质卫生情况及可利用程度。

④适于绿化而又不宜修建建筑的用地位置、面积。

上述资料可综合绘入1∶500或1∶1 000或1∶5 000的城市绿地现状分析图或称城市绿化条件图。

4.5.1.3　技术经济资料

①现有各类绿地的面积、比例。

②现有各类公共绿地的平时及节假日游人量，每人平均公共绿地面积指标（m^2/人），每一游人（占城市居民的十分之一）所占公共绿地面积。

③城市绿化覆盖率现状。

④苗圃现有面积、苗木种类、规格、数量及生长情况。

4.5.1.4　植物资料

①当地现有园林绿化植物的种类及适应程度（包括乔木，灌木，露地花卉，草类，水生植物等）。

②附近地区及城市的植物种类及适应情况。

此外还需收集有关建筑、市政工程、植物的单价。

上述材料的收集工作应与城市总体规划的调查研究结合起来，以免重复，历年来所作的绿地现状和规划图纸及文字资料要求尽可能收集到，并做永久性资料建立档案。

4.5.2　文件编制工作

城市园林绿地规划的文件编制工作，包括绘制图纸及编写文字说明。通常可选用几个规划方案进行分析评定，经讨论修改定案。根据条件的可能与工作需要，可以绘制彩色图或黑白图，复制多份，报各有关部门，待批准后，作为执行依据。

4.5.2.1　图纸部分包括（根据实际情况有所增减）

①城市园林绿地现状分析图。

②城市园林绿地系统规划图。

③城市园林绿地近期规划图。

④城市园林绿地规划分期实施图。

比例可用1∶1 000，1∶5 000，1∶10 000或1∶25 000。

图纸内容应标明：现状与规划的各类绿地的名称、面积、分布情况。图上应附有主要的技术经济指标。

4.5.2.2　文字部分

文字部分包括城市概况、绿地现状（包括各项绿地面积，每人占有量，绿地种类、质量，分布、植物种类）、城市园林绿地规划原则、布局形式，规划后的各种技术经济指标、定额、城市绿地总造价的估算、投资来源及分配、分期实施计划等。

4.5.2.3　园林绿化树种规划及育苗规划

在制定城市园林绿地规划之后，必须会同有关部门，如植物工作者，林业工作者，以及基层苗圃工作者。在广泛调查城市树种的生长情况及野生的乡土树种的生长情况基础上，分析总结出适应本地区城市园林绿化树种名单。

育苗规划是在树种规划基础上，根据园林绿地系统规划总图所制定的绿地项目，分期分批地制定出育苗规划。

4.5.2.4　城市边缘林带及森林公园的分布

随着城市人口迅速膨胀，密度加大，自然环境越来越恶化，各种污染日益对城市环境构成威胁，因此城市边缘的林带及森林公园的建设是大有发展前景的。

在城市郊区发展大面积的森林公园，由于城市“热岛”和郊区大面积森林冷空气的温差，可以使郊区森林冷空气进入城市，城市热空气上升而在近郊下降，引起城市空气的对流、环流。这对于改善城市气候，促进污染气流的扩散，都是十分有利的。郊区森林应以楔状插入城市的方式与城市的放射花园道路联系起来。

城市园林绿地系统的布局，要从以下几个方面考虑：

①生产效果。城市园林绿地的布局，首先必须是有利于工业生产的发展，例如全面绿化城市裸露土壤，减低尘土，是促进现代化自动化工业发展的重要措施。

②安全效果。园林绿地除首先从有利于工业生产考虑布局以外，其次必须从躲避地震、火灾和防止城市火灾燃烧的避灾防火的安全来考虑。

块状绿地必须把儿童游戏场、居住街坊小区绿地、区公园、全市性公园和学校体育场、全市和区的体育运动场、停车场、广场、一般绿地、池沼湖泊等空地构成一个避灾防火的空地系统，把避灾防火安全半径和公园服务半径结合起来，把每人平均公园面积和每人避灾面积结合起来，再结合城市建筑区之间防火隔离空间要求，把全市块状绿地构成一个公园空地体系。

③绿地效果。绿地系统布局及绿化面积指标，要考虑到净化空气、水体、土壤及杀菌和清除有毒物质的效果，要尽量提高定量绿地内的叶面积系数，重视地被植物和草坪、墙面垂直绿化、屋顶绿化。

④工作效率的提高。凡不利于视觉、听觉、嗅觉、温度感觉的环境因素，如强风、噪声、强光、严寒酷暑等不协调的景观，都会降低工作效率。园林绿地系统布局，应根据绿地对降低风速、消灭噪声、防除恶臭和改善气候等科学依据，合理布置城市绿地系统。

5　景观植物在城市绿地中的应用形式

5.1　景观植物的配置技术

城市园林绿地质量和艺术水平的体现，很大程度上取决于园林景观植物的选择和配置。景观植物本身的观赏性和植物大小、形状、质感、色彩等美学特征有关，不同的手法和配置形式决定了植物群落和景观的效果。

中国的古典园林讲究师法自然，模拟自然界的景观，即使是面积很小的园林中，也能创造出“层林尽染”、“曲径通幽”的意境。典型的中国古典园林中植物造景有：拙政园中的听雨轩、梧竹幽居、荷风四面亭、留听阁等，留园的绿倚、古校柯等、狮子林中的五松园、指柏轩等，承德避暑山庄的万树园、青枫绿屿、梨花伴月等。

现代园林中配置较好的有北京植物园中的樱桃沟、牡丹园、盆景园等，沈阳植物园的郁金香园、玫瑰园等。

要想创造出优美的植物景观，充分掌握和运用植物的特性，按照一定的理念将其组合起来，这种组合的巧妙运用要求设计者必须对植物十几年甚至二十几年后的形象具有可知性，结合具体环境和园林主题进行科学、合理的植物配置，构成一个理想的景观空间，使游人置身其间、陶醉于美好的意境。各种植物的不同组合，能形成千变万化的景境，给人以丰富多彩的艺术感受。

发挥树木配植的艺术效果，除应考虑美学构图上的原则外，还要掌握树木具有的生命特征，它有自己的生长发育规律和不同的生态习性要求，和与环境因子相互影响规律的基础还应具备较高的栽培管理技术知识，并有较深的艺术修养，才能使配植艺术达到较高的水平。

5.1.1　景观植物的种植形式

植物的种植形式多种多样，受园林风格和主导形式的影响和制约，不同的国家、不同的民族、不同的历史和文化背景会有显著的不同的种植形式。

5.1.1.1　规则式

规则式又称几何式、整形式、建筑式和图案式。

主要表现在西方园林中，景观植物常被组合成规整图案式，强调的是几何图形的美。例如，法国著名园林设计者勒诺特（Andre Le Notre）设计的韦宫第宫、凡尔赛宫等园林作品中就大量使用了排列整齐，经过修剪的常绿树，如毯般的草坪及慢生灌木修剪成复杂、精美的图案形状。这种规则式的种植形式，是一种在强迫改造自然形状的基础上创造出来的匀称的法则。这种形式的园林风格给人严谨、古板、线条清晰的视觉效果，适合于建造较严肃的场合使用，例如纪念场所、街道绿化、工矿企业、学校的前场区等。

随着社会进步和技术的日益发展，人们追求的是自然的和谐与统一，规则式的种植方式已显得陈旧和有落伍的感觉，尤其是这种形式的种植后期管理的难度大，更不宜提倡。但是规则式种植作为一种设计形式，是种植形式中不可缺少的，只要赋予新的含义，避免过多的整形修剪。而稍加修剪的规则式的图案对提高城市绿化质量，丰富城市景观是很有益处的。

主要特征是：

①地形：平原地区，由平地和缓坡组成。丘陵山地由阶梯式台地、斜坡和台阶组成，地形的剖面边缘呈直线和斜线。

②水体、建筑：园内水体的轮廓均为几何形，驳岸整齐。水体形式有喷泉、跌水、运河式水体和几何形大小不一的水池；建筑、道路和广场构成全园主轴线和副轴线。建筑、喷泉、花坛分别布置在主副轴线上，建筑群和建筑组群之间采用中轴对称手法布局。

③道路广场：园内道路均为直线、几何曲线组成的方格状和环状放射形。广场和草坪平面均为几何形并用建筑、树墙或林带等构成围合。

④景观植物种植：园内树木采用行列式、对称式的栽植形式。用绿篱、绿墙围合，组织空间，大量运用剪型树模拟几何形体、动物形象。花卉装饰常常采用群体大色块和模纹花坛、色块花径花缘形式。

规则式园林中还通常采用盆树、盆花、雕像和瓶饰做为景观的重点和点缀，雕塑常置于道路的起点、广场中心和广场的周边，规则式园林具有庄重、严肃、开朗的视觉效果，同时也使人感到威慑、拘谨、空间开朗有余、变化不充分的感受。

5.1.1.2　自然式

自然式又称风景式、山水画派。这种形式的园林以中国古典园林为代表，体现意境、韵味和深厚的文化内涵。自然式以模仿自然风景为主导，人与自然融合的造园思想是中国哲学思想与审美意识的代表。中国山水园林对世界影响很大，公元6世纪传入日本，形成日本的“山水庭”，18世纪末传入英国后演变出英国的“风景园林”。这期间，英国的许多植物园从其他国家尤其是北美引进了大量的外来植物，为种植设计提供了极丰富的素材。

自然式的基本特征是：

①地形地貌。对园林地形的处理采取因地制宜的原则。在平原地区，尽量利用原有地形的自然起伏，进行人工修整。在丘陵山地，利用原有地形，因高

就低地加以人工整理，使其形成自然山水的特征。其地形断面边缘呈自然曲线。

②水体。园内水体的平面轮廓为自然曲线，水岸采用自然斜坡，也用垂直驳岸和山石驳岸。水景类型有溪水、河流、自然式瀑布、湖泊和池沼。

③建筑。园内的单体建筑有中轴对称式和不对称式。建筑群和大型的建筑组群有中轴对称式布局，也有不对称式布局。它们布局的共同特点是随地形和景观空间而设置，所以，不用轴线控制全园，而以空间序列变化贯穿全园。

④道路广场。道路依据景区和景点的空间序列而设，成为贯穿全园景区与景点的导游线。道路平面为自然曲线、广场和空旷草地的平面轮廓也是自然曲线。并且用建筑、山体、自然式树丛和林带围合成疏密、开合变化的自然景观。

⑤植物种植。园内林木体现自然植物群落形式，表现植物的个体美和群体美。植物配置形式有孤植、丛植、群植和林植。花卉采用丛植、片植和盆栽。树木和花卉常与山石、水景、粉墙相组配。

⑥其他景物。用假山、置石或独立组合空间与建筑、墙体地形组合。中国传统式园林喜用碑文、崖刻和建筑的匾额、楹联作景观环境的点景。

5.1.1.3　混合式

当同一处园林的内容需要采用规则式和自然式两种形式分别表现时，而且两种形式所占面积的比例又近似，便将这个园林称作混合式。从东、西方的不同传统风格讲，要设计的混合式园林必须是同一种传统形式的统一体。

自然式种植注重植物本身的特性和特点，植物间或植物与环境间生态和视觉上的和谐。生态设计是一种取代有限制的、人工的、不经济的传统设计的新途径，其目的就是要创造更自然的景观，提倡用种群多样、结构复杂和竞争自由的植被类型，如北京中山公园、广州烈士陵园、上海复兴公园、南京中山陵。

5.1.2　景观植物的配置原则

5.1.2.1　重视植物配置多样性的原则

在城市绿地中选用多种植物，便于绿化造园时适地适树，实现景观植物的合理化种植，选用多种植物可以有效地防治多种环境污染，不同的植物往往只在净化某一种污染方面有显著功效，如垂柳、加杨、臭椿、榆树、刺槐等树种，净化二氧化硫污染的作用显著；悬铃木、水杉、女贞、柽柳等植物净化氯气方面效果显著；对汞净化作用较大的则是夹竹桃、棕榈、樱花、桑等植物，一些树冠浓密、叶面粗糙或多绒毛的树种，如刺楸、榆树、泡桐、刺槐等，对烟尘的净化作用较好；在减弱噪声污染方面，松科、柏科的一些树种效果较好。故要提高现代城市生活空间的环境质量，园林绿化就应选用多种植物才能全面有效地保护环境、维护城市生态平衡。

5.1.2.2　遵循“适地适树”的种植原则

景观植物每个品种都有不同于其他品种的生态习性，喜光、耐阴、喜干燥、喜水湿、喜暖、怕热、喜欢酸性土壤，耐盐碱性土壤等各有不同。因此种植设计时，应根据园林绿地各个不同地块的立地条件合理地设计，选择相应的植物，使不同习性的园林植物和它生长的环境条件相适应。这样，才能使绿地内选用的多种园林植物，能够正常健康生长，形成生机盎然的园林景观。

5.1.2.3　模拟自然群落的种植原则

城市绿地进行种植设计时，应对各种大小乔木、灌木、藤本植物、草本等地被植物进行科学的合理组合，使各种形态不同、习性各异的园林景观植物合理配置、形成多层复合结构的人工植物群落。这样，可以有效地增加城市绿地景观植物的适用量，提高绿地单位面积园林植物的量值，增强园林绿地在保护环境、改善气候、平衡生态方面的功能。

5.1.2.4　速生与慢生树种相搭配的原则

速生树的寿命一般较短，更新速度较快，慢生树种虽然生长速度较慢，但其材质往往紧密，因而对风雪、病虫害等灾害的抗性较强，其养护管理相对容易。而且，慢生树木的寿命一般都较长，经过几十年甚至百年，它们仍然生机勃勃。

实施植物多样性时，应当注意速生树种与慢生树种的合理配置。目前，在个别城市园林绿化中，由于追求短期效果，往往选用速生树种多，栽植慢生、长寿树种少，这是一种不良倾向。种植速生树虽然见效快，但速生树木的材质往往较疏松，对风雪的抗性较差。所以城市园林绿地的树种配置要速生与慢生合理搭配，体现植物群落的稳定性和科学性。

5.1.2.5　突出绿地使用功能的种植原则

植物种植是为实现园林绿地的多种功能服务的，在城市园林绿地实施种植植物多样性时，要服从和适应于园林绿地的功能要求。在绿地内进行乔、灌、草等多种植物复层结构的群落式种植，这是在园林内实现植物多样性最为有效的途径和措施。但是不能把城市园林绿地都全部配植为复层结构的人工群落。如若绿地全被植物群落占据，不仅园林的景观由于空间缺乏变化而显得过于单调，而且，园林绿地的许多功能如文化娱乐、大型活动等也难于实现。城市园林绿地内的植物种植，应从充分发挥园林绿地的综合功能和效益出发，进行科学的统筹设计、合理安排，使绿化种植呈现出疏密有致，高低错落、富于变化的合理布局。

5.1.2.6　多样统一、自然和谐的原则

城市园林绿地中选用多种植物时，不仅要注重植物种植的科学性、布局的合理性，而且还必须讲究植物配置的艺术性、科学合理、疏密有致，使植物与城市园林的建筑、道路、山体等方面，进行既富于多样变化的对比，又能够相互烘托协调的艺术构思和配置设计。只有这样，才能使我们的城市绿地既能体现出园林植物的多样性，又无繁杂零乱之感，使植物的多样性与园林的艺术性协调统一起来。

总之，园林景观植物配置在遵循生态学原理为基础的同时，还应结合美学原理，应先生态后景观的原则，“源于自然，高于自然”是城市园林绿地绿化效果的宗旨。

5.2　景观植物的配植方式

景观植物的配植一方面是各种植物相互之间的配植，考虑植物种类的选择，树群的组合，平面和立面的构图、色彩、季相以及园林意境；另一方面是园林植物与其他园林要素如山石、水体、建筑、园路等相互之间的配置。

5.2.1　植物配植时的基本要点

如群植、散点植之间的关系；平面或立面曲线的控制和形式的利用方法；种植地边缘处的处理；植物结合时废空间的处理；植物形成的线型的利用等。(图5－1～图5－6)。

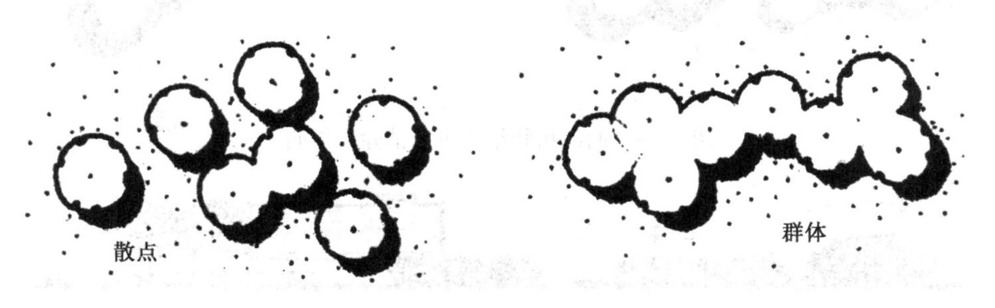

图5－1　单体植物散点群植

5.2.2　植物配植的平面关系

自然界的植物群落具有天然的植物组成和自然景观，是自然式植物配植的艺术创作源泉。中国古典园林和较大的公园、风景区中，植物配植通常采用自然式，但在局部地区、特别是主体建筑物附近和主干道路旁侧通常采用规则式。园林植物的布置方法主要有单植、对植、列植、丛植和群植等几种。

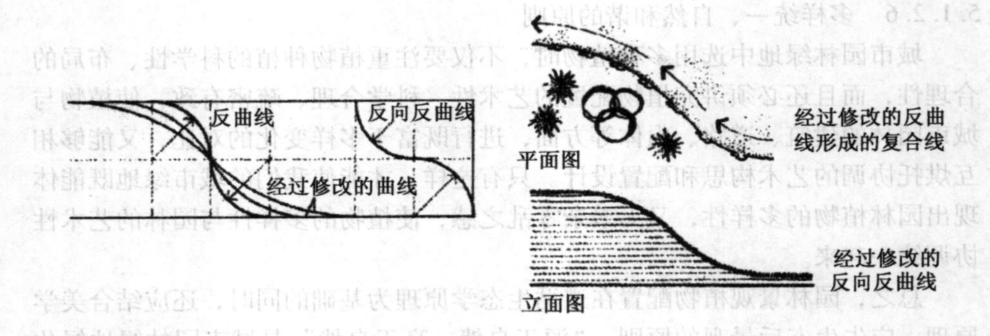

图 5－2　S 曲线在园林中的应用可以在平面也可以在立面

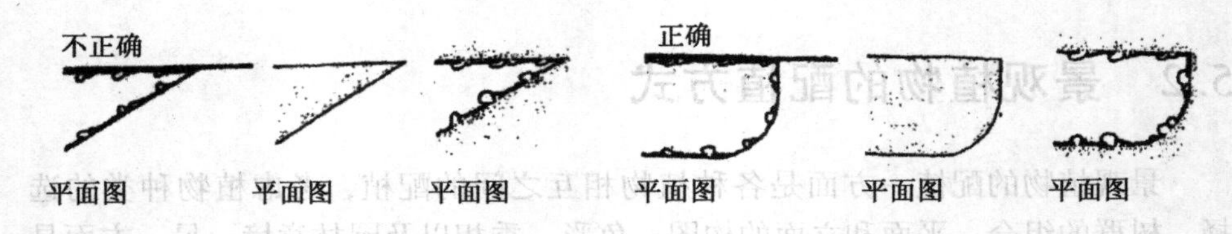

图 5－3　种植地的边缘处应避免出现狭窄尖削状

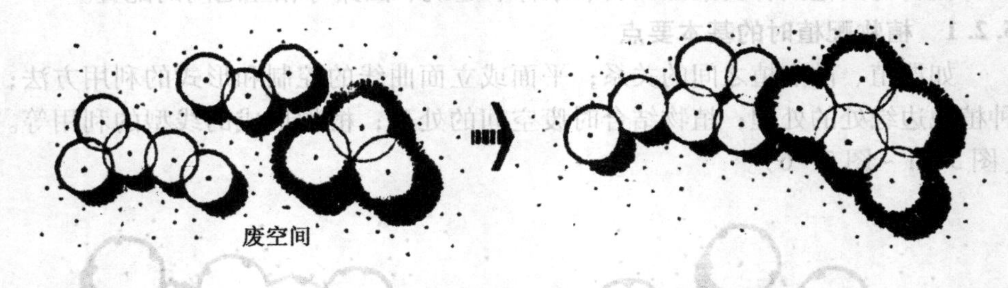

图 5－4　两组植物结合可以消除废空间

图 5－5　平展型植物有延伸感

5.3　植物（乔、灌木）的配植类型

乔木和灌木都是直立的木本植物，不但具有改善环境小气候的主要功能，还有供游人遮荫纳凉、分隔园内空间与建筑组景、山体和水体组景的作用，如

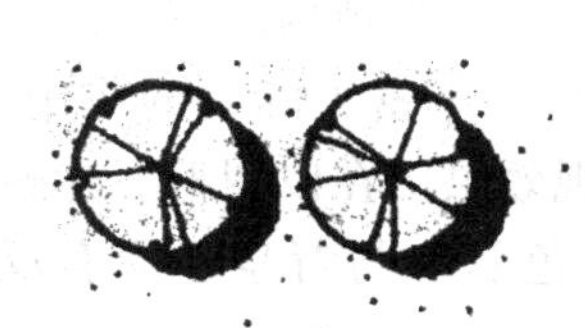

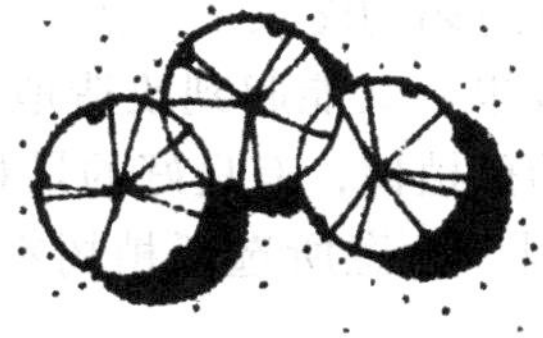

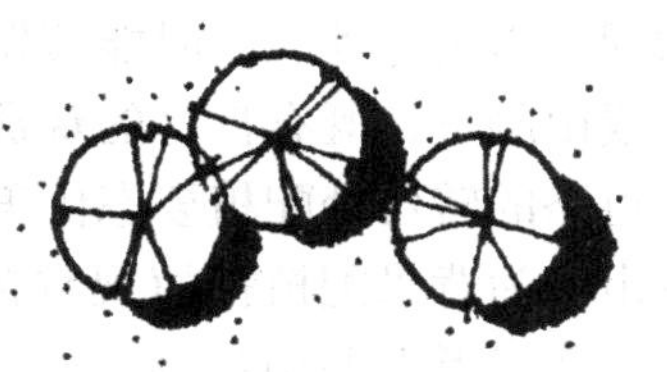

图 5－6　植物奇偶数配植

果说园林中的山体、地形是园林的骨架，乔灌木则是园林的肌肉和外装。

乔木和灌木有明显差别。乔木的树干明显、粗壮，树冠高大。多数乔木的树冠下可供游人活动，乘凉纳荫，构成伞形空间。乔木可孤植，可群栽，既可作为主景，也可作配景和背景，可与灌木组合形成封闭空间。因乔木有高大的树冠和庞大的根系，故一般要求种植地点有较大的空间和较深厚的土壤。

灌木多呈丛状，主干不明显，树冠较矮小。由于枝条密集，树叶满布，又多花果，是很好的分隔空间和观赏的植物材料。在防风、固沙、消减噪音和防尘等方面都优于乔木。耐阴的灌木可和大乔木、小乔木、地被植物组合成主体绿化景观。

5.3.1　孤　植

孤植，是指乔灌木的孤立种植的表现，又叫孤立树。有时二株乔木或三株乔木紧密栽植，并具有统一的单体形态，也称孤植树，但它们必须是同一树种，相距不超过 1.5 m。孤植树下不能配植灌木，可设石块和坐椅。孤植树是以表现植株的个体美为主，主要功能有两方面。一是纯艺术观赏的孤植树，多置于陡坡、悬崖或广场中心建筑旁侧。二是作为园林中庇荫与构图相结合的孤植树，可设在道旁、建筑广场前、草地中、巨石旁、水边等。

孤植树是园林构图的主景，因而要求栽植地点位置较高，四周空旷，便于树木向四周伸展，并有较适宜的观赏视距，一般在 4 倍树高的范围里要尽量避免被其他景物遮挡视线。种在宽阔开朗的草坪上，以绿色的草地作背景，或水边等开阔地带的自然重心上，与草坪周围的景物相呼应。在珍贵的古树名木周围，不可栽植其他乔木和灌木，以保持它独特的风姿。

从遮荫的角度选择孤植树时，要选择分枝点高、树冠开展、枝叶茂盛、病虫害少、无飞毛、无飞絮、不污染环境的树木，以圆球形、伞形树冠为好，如雪松、白皮松、油松、银杏、玉兰、榕树、核桃、悬铃木等。树冠不开展、呈圆柱形或尖塔形的树种，如新疆杨、雪松、云杉等，均不适合用遮荫树。

考虑孤植树与环境间的对比及烘托关系。如曲廊、幽径、墙垣的转折处，池畔、桥头、大片草坪上、花坛中心、道路交叉点、道路转折点、缓坡、平阔的湖池岸边等处，同时能够发挥遮荫功能及一些焦点位置。孤植树配置于山岗上或山脚下，既有良好的观赏效果，又能起到改造地形、丰富天际线的作用。在道路的转弯处配植姿态优美的孤植树，有良好的景观效果。在以树群、建筑或山体为背景配植孤植观赏树时，注意所选孤植树在色彩上与背景色应有反差，在树形上要相互协调。

北方用作孤植的树种有栾树、金钱松、海棠、樱花、梅花、山楂、雪松、油松、圆柏、侧柏、毛白杨、白桦、元宝枫、蒙椴、糠椴、紫叶李、核桃、山荆子、君迁子、白蜡、槐、皂荚、白榆、臭椿、银杏、云杉、悬铃木、加杨、无患子、合欢、枫杨、鹅掌楸、鸡爪槭等（图 5－7）。

图 5－7　孤植树在植物群落中作主景树

孤植树在植物主景树中作为个体表现，要求外观挺拔繁茂，姿态优美。应具备以下几个基本条件：

①植株体形美而高大，枝叶茂密，树冠开阔，具有特殊观赏价值的树木。如：树形富于变化的黑松，树干效果明显的白皮松、白桦，或有浓郁芳香的玉兰、桂花、紫叶李、鸡爪槭、色木槭等。

②生长健壮、寿命长，能经受住较大的自然灾害的树种。不同地区应选用本地区的乡土树种中经受住考验的大乔木为宜。

③因孤植树是独立存在于开敞空间中，得不到其他树种的保护，故须选用抗旱、耐烟尘、喜阳的树种。树木应不含毒素，无易于落污染性花果的树种，以免妨碍游人在树下休息。

孤植树在园林中的比例不能过大，但在景观效果上占有很大作用。孤植树的种植地点，不仅要保证树冠有足够的生长空间，而且要有一定的观赏视距。要使孤植树处于开敞的空间中，得以突出孤立点的视景效果，最好还有天空、水面、草地等色彩单纯又有丰富变化的景物环境作为背景衬托。庇荫及观赏的孤植树，其位置的确定取决于它与周围环境的布局，要求在由园林建筑组成的小庭院中设孤植树，应考虑空间的大小。庭院较小，可设小乔木，如苹果、紫叶李、桑树、山楂等。在铺装场地设孤植树时要留有树池，在树池上架坐椅，保证土壤的松软结构。

在规则式广场中设孤植树，可与草坪花坛、树坛结合。设在广场中心的孤植树，冠幅可小些，但必须是中央主干明显、树形匀称，一般采用尖塔形和卵圆形的针叶树，可以与草坪组合。孤立树虽然在园林的构图中具有独立性，但又必须与周围环境和景物相协调、呼应，统一在整体构图中。

在小型林中草地，小面积的水滨和起伏性丘岗上，考虑与环境的尺度关系，孤立树采用体形小巧玲珑、枝干形态古拙的慢生树种。如：五针松、日本赤松、罗汉松、鸡爪槭等。与山石相配，具有大型盆景的效果。

新建园林时，应注意利用当地的成年大树作为孤立树。如果在要建的面积内有上百年的古老大树，在做公园的构图设计时，应尽可能地考虑对原有大树的利用，可提早数十年达到园林艺术效果。这是因地制宜、巧于因借的设计方法（图5－8）。

图5－8　孤植树栽植

5.3.2　行列式栽植（对植和列植）

5.3.2.1　行列式栽植

行列式栽植是指乔、灌木按一定的株行距成行、成排的种植。行列式栽植形成的景观整齐划一，是规则式园林中的道路、广场、河边与建筑周围应用最多的栽培形式。行列式栽植具有施工、管理方便的优点，又有难以补栽整齐的缺点。

行列式栽植应选用树冠形体整齐的树种，如圆形、卵圆形、塔形、圆柱形等，不宜选用树冠枝叶稀疏、不整齐的树种。行列式栽植的株行距，应依据树种冠形大小而定，也与树种的配植、远近期结合打算有关。一般乔木的距离在3~8 m。如果为了取得近期景观效果，栽植的苗木又不大，可以按3~5 m株距栽植，待长大后，树冠开始拥挤时，每隔一株去一株，成为6~10 m的最后株距。也可采用乔木与灌木间隔栽植的方法，具有简单的交替节奏变化。灌木之间的株距，依灌木成长后的冠幅大小而定，因为灌木各种类间冠幅大小差别较大，所以一般定为1~5 m，如过密则成为树墙绿篱了。

行列式栽植的整体要求较强，延长距离又大，多伴随道路、建筑和地下管线两侧，故须考虑与这些设施的关系，防止彼此干扰。

5.3.2.2　行列式栽植又分为对植和列植

对植是用两株树按照一定的轴线关系做相互对称式均衡的植栽方式，目的是强调园林、建筑、广场的入口。孤植树可以作为主景，对植则永远是以配景的地位出现。

在规则式种植中，利用同一种树、同一规格的树木依主体景物的中轴线对称布置，两株树的连线与轴线垂直并被轴线等分，在园林的入口、建筑入口和道路两旁是经常运用的。规则式的对植，种植位置，要考虑不能妨碍出入的交通与其他活动，又可保证树木有足够的生长空间。一般乔木距建筑物墙面为5 m以上，灌木可少些，但至少要在2 m以上。

在自然式种植中，对植是不对称的均衡栽植。在桥头、道口、山体蹬道石阶两旁，也以中轴线为中心，两侧树木在大小、姿态上可以不相同，动势均向中轴线，但必须是同一树种，才能取得统一。对植也常用在有纪念意义的建筑物或景点两边，这时选用的对植树种在姿态、体量、色彩上要与景点的思想主题相吻合，既要发挥其衬托作用，又不能喧宾夺主。两株树的对植要用同一树种，姿态可以不同，但动势要向构图的中轴线集中，不能形成背道而驰的局面，影响景观效果。在自然式栽植中，也可以用两个树丛形成对植，这时选择的树种和组成要比较近似，栽植时注意避免呆板的绝对对称，但又必须形成对应，给人以均衡的感觉。

列植树木要保持两侧的对称性，当然这种对称并不一定是绝对的对称。列植在园林中可作园林景物的背景，种植密度较大的可以起到分割隔离的作用，形成树屏，这种方式使夹道中间形成较为隐秘的空间。通往景点的园路可用列植的方式引导游人视线，这时要注意不能对景点形成压迫感，也不能遮挡游人。在树种的选择上要考虑能对景点起到衬托作用的种类，如景点是已故伟人的塑像或英雄纪念碑，列植树种就应该选择具有庄严肃穆气氛的圆柏、雪松等。列植应用最多的是公路、铁路及城市街路行道树及绿篱、林带及水边种植等，道路一般都有中轴线，最适宜采取列植的配植方式，通常为单行或双行，多由一种树木组成，也有间植搭配。在必要时亦可植为多行，且用数种树木按一定方式排列。行道树种植宜选用树冠形体比较整齐一致的种类。株距与行距的大小，应视树的种类和所需要遮荫的郁闭程度而定。一般大乔木株行距为5~8 m，中、小乔木为3~5 m，大灌木2~3 m，小灌木为1~2 m。完全种植乔木，或将乔木与灌木交替种植皆可。列植较常选用的树种，乔木有油松、圆柏、银杏、槐树、白蜡、元宝枫、毛白杨、槐树、龙爪槐、加杨、栾树、臭椿、柳、合欢等；灌木有丁香、红瑞木、小叶黄杨、多季玫瑰等。

5.3.3 丛　植

由二、三株至一、二十株同种类或相似的树种较紧密地种植在一起，使其林冠线彼此密接而形成一个整体的外轮廓线（图5－9）。这种配植方式称丛植，是城市绿地内植物作为主要景观布置时常见的形式。丛植形成的树丛有较强的整体感，个体也要能在统一的构图之中表现其个体美。

山道的自然式对植

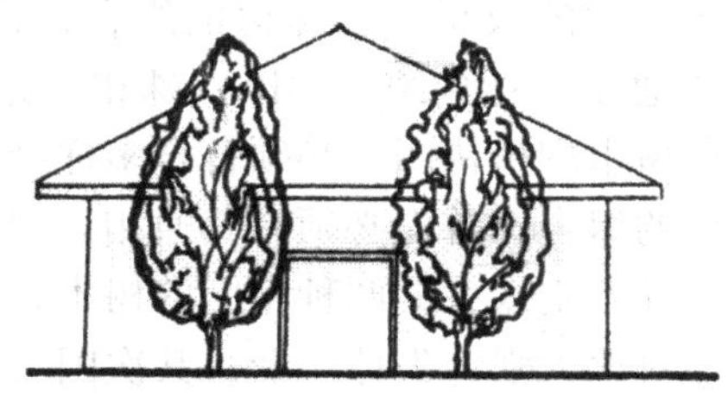
建筑门旁的对称式对植

图5－9

丛植可分为单纯树种和混交树种两类。树丛在功能上除作为组成园林空间构图的形态外，还有庇荫、主景、诱导树的作用和配景作用。庇荫的树丛最好用单纯树丛形式，一般不用灌木或少用灌木配植，常用树冠开展的高大乔本为主。作为构图艺术上的主景、诱导、配景用的树丛，则多采用乔灌木混交树丛作为主景时，宜用针阔叶混植的树丛，观赏效果较好，可配植在大草坪中央、水边、河旁、岛上或土丘山岗作为主景的焦点。中国古典山水园中，树丛与岩石组合，一起放置在白粉墙前方、走廊与房屋隅，可以构成一定主题的树石小景。

同时，树丛还能作背景，如用雪松、油松或其他常绿树丛作背景（图5－10），前面配植桃花等早春观花树木。丛植作为诱导用，可以布置在出入口、路叉和弯曲道路的部分，诱导游人按设计安排的路线欣赏丰富多彩的园林景观。

树丛的设计必须以当地的自然条件和总体设计意图为依据，充分掌握植株个体的生物学特性与个体之间的相互影响，使植株在生长空间、光照、通风和

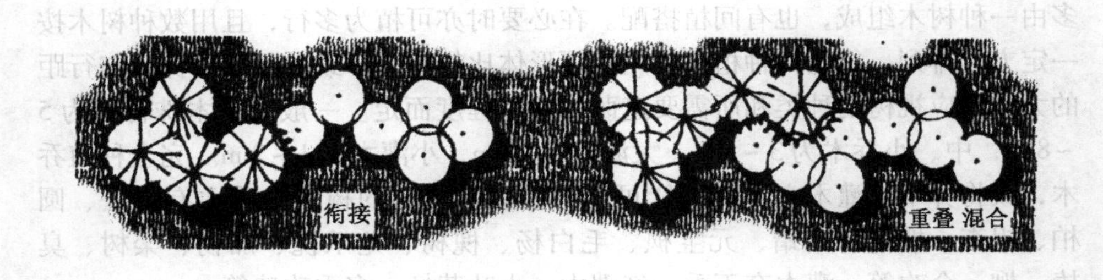

图 5－10　不同树种的衔接重叠混合

根系生长发育等方面都得到适合的条件，才能保持树丛稳定，达到理想效果。

现就二株、三株、四株、五株的配植形式分述如下。

5.3.3.1　二株树丛的配合

两种元素构成的统一体，一般情况下易于统一，但又要有变化，才能达到构图艺术的效果。二株树的组合，首先考虑其“通相”，再分析其“殊相”。以“通相”达到统一，以“殊相”达到变化。

树木配植构图上必须符合多样统一的原理，要既有调和又有对比，因此两株树的组合，首先必须有其通相，同时又有其殊相，才能使二者有变化又有统一。凡差别太大的两种不同的树木，如棕榈和马尾松、桧柏和龙爪槐配植在一起，对比太强，失掉均衡；其次因二者间无通相之处，形成极不协调的观感，效果不佳。因此二株结合的树丛最好采用同一树种，但如果两株相同的树木，大小、体型、高低完全相同，配植在一起时，则又过分呆板，所以凡采用两株同种树木配植，最好在姿态上、动势上、大小上有显著差异，才能使树丛生动活泼起来。正如明朝画家龚贤所说：“二株一丛，必一俯一仰，一欹一直，一向左一向右，一有根一无根，一平头一锐头，二根一高一下。”又说：“二树一丛，分枝不宜相似，即十树五树一丛，亦不得相似。”以上说明两株相同的树木，配植在一起，在动势、姿态与体量上，均须有差异、对比，才能生动活泼。

如：桂花与女贞为同科不同属的树木，外观相似，又同为常绿阔叶乔木，配植在一起感到很谐调。由于桂花的观赏价值较高，故在配植上要将桂花放在重要位置，女贞作为陪衬。又如：红皮云杉与鱼鳞云杉相配，也可取得谐调的效果。但是，即便是同一种树种，如果外观差异过大，也不适合配植在一起。如：龙爪柳与馒头柳同为旱柳变种，配在一起不会谐调（图 5－11）。

5.3.3.2　三株树丛的配合

三株是两个不同树种组成的树丛，则最小一株为一树种，而另外二株为同一个树种，这时，远离的一株与靠拢的二株一组中大的一株应该树种相同，这

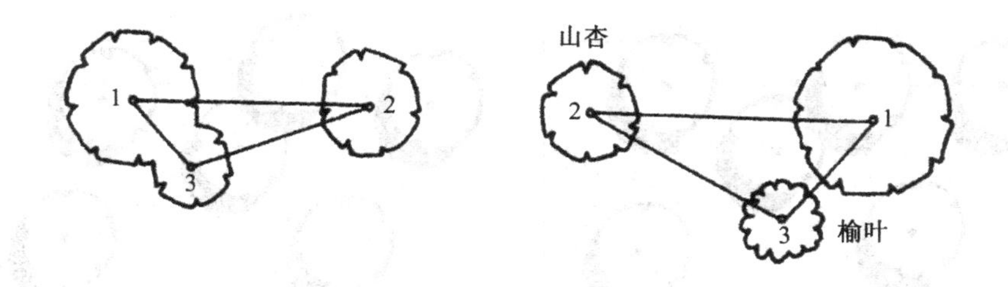

图 5－11　二株一丛树丛

样二个小组才能够在统一中有变化。在三株树丛中，也可以最大一株与中间一株靠近，最小一株稍远离，但是如果由两个树种组成时，最小一株必须与最大一株的树种相同。忌最大一株为单独树种，否则难分主次（图 5－12～图 5－14）。

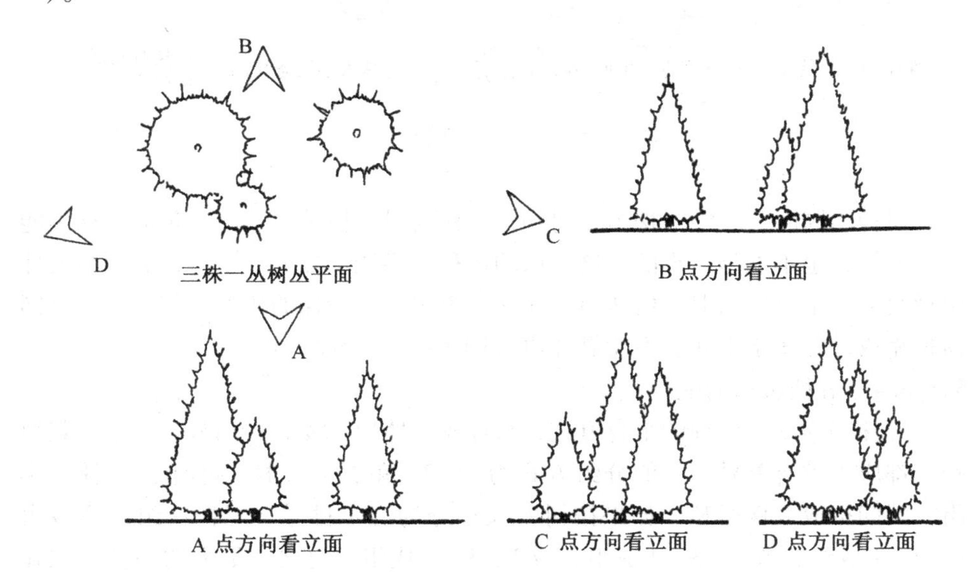

图 5－12　三株一丛周围立面变化

5.3.3.3　四株树丛的配合

四株一丛的组合仍以同树种为“通相”，在不同的姿态、大小与疏密关系中求“殊相”。如果运用两种不同树种时，必须同为乔木或同为灌木。如果应用三种以上的树种，必须有两种外观极相似。原则上不要乔灌木合用。

树种相同时，分为二组，成 3：1 的组合，不宜两两分组，其中不要有三株成一直线。也可形成三组的形式，即 2：1：1，但最大的一株必须在二株一组中。其平面的连线，一种是不等边三角形，另一种是不等边又不等角的四边

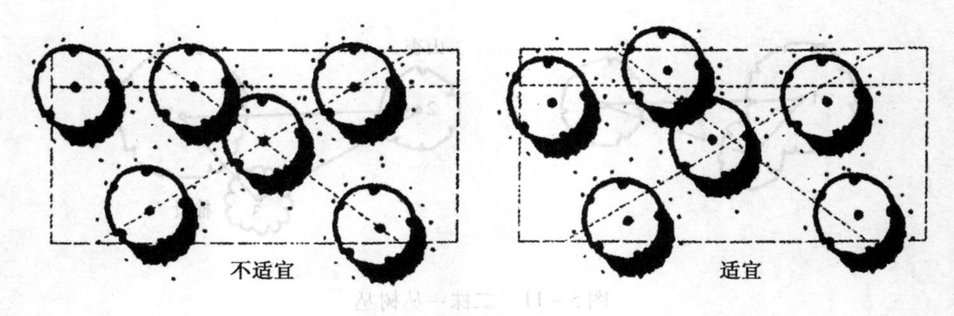

图 5 - 13　自然式群植忌三株在一条直线上

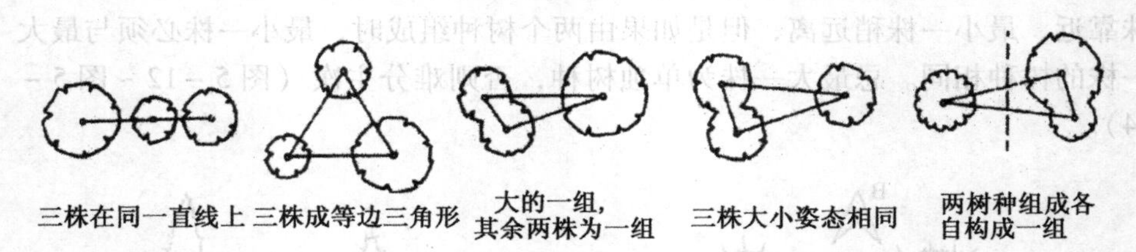

图 5 - 14　三株忌用

形。

树种不同时，其中三株为一树种，一株为另一树种。这另一种的一株不能是最大的，也不能是最小的，这一株的树种，不能单独成一个组，必须与另外树种组成一个三株的混交树丛组，在这一组中，这一株的树种应与另一株不同树种靠拢，并居于中间，不能靠外边（图 5 - 15 ~ 图 5 - 17）。

5. 3. 3. 4　五株树丛的配合

五株同为一个树种的组合方式，每株树的体形、姿态、动势、大小、栽植距离都应力求有差异。一般分组方式为 3：2，就是有三株一小组，二株一小组，共同构成五株树丛。如果按树木大小分为五个排号，三株一组的应该由 1、2、4 成组，或 1、3、4 成组，或 1、3、5 成组。总之，最大的一株必须在三株的一组中，并且是主体，二株一组的则应为从属体（图 5 - 18 ~ 图 5 - 20）。

树木的配植，株数越多就越复杂，但分析起来，孤植树是一个基本，二株丛植也是个基本，三株是由二株和一株组成，四株又由三株和一株组成，五株则由一株、四株或二株、三株组成，理解了五株的配植道理，则六、七、八、九株同理类推。

树丛可作为主景，也可以与其他景观形成对景，在道路交叉口和道路的拐弯处可作为屏障，结合道路组合空间，公园大门两侧也可结合不对称的大门建

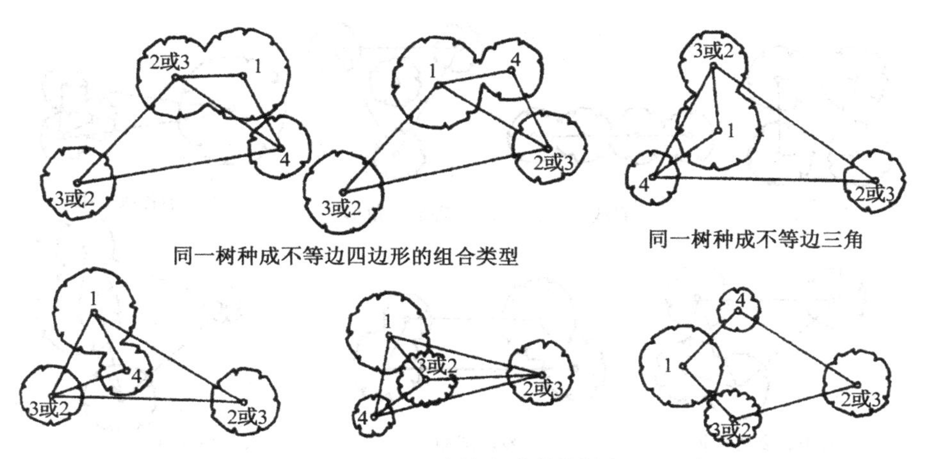

图 5－15　四株配植的多样统一

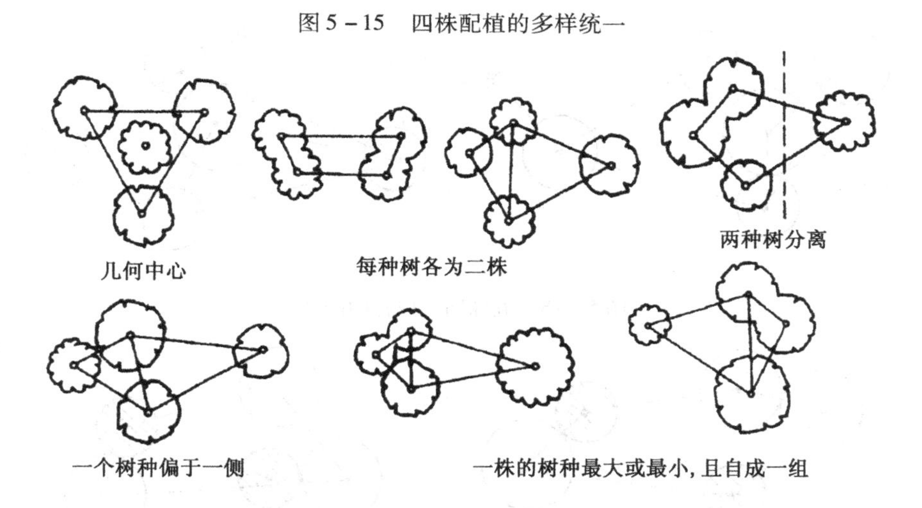

图 5－16　四株两种配植忌用形式

筑配植树丛。树丛又是园林建筑、园林雕塑等小品设施的很好背景，在色彩、形态方面都可以起到衬托作用。

树丛基本上是暴露的，受外界影响较大。因此，不耐干旱、阴性的植物不宜选用。

5.3.4　组　植

由二、三株至一二十株不同种类的树种组配成一个景观为主的配植方式称组植，亦可用几个丛植组成组植。组植能充分发挥树木的集团美，它既能表现

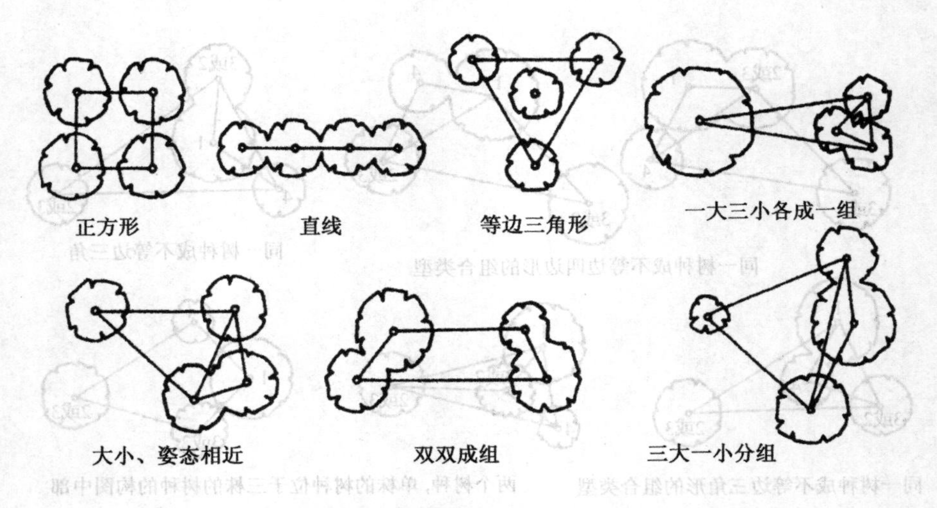

图 5－17　四株同一种配植忌用形式

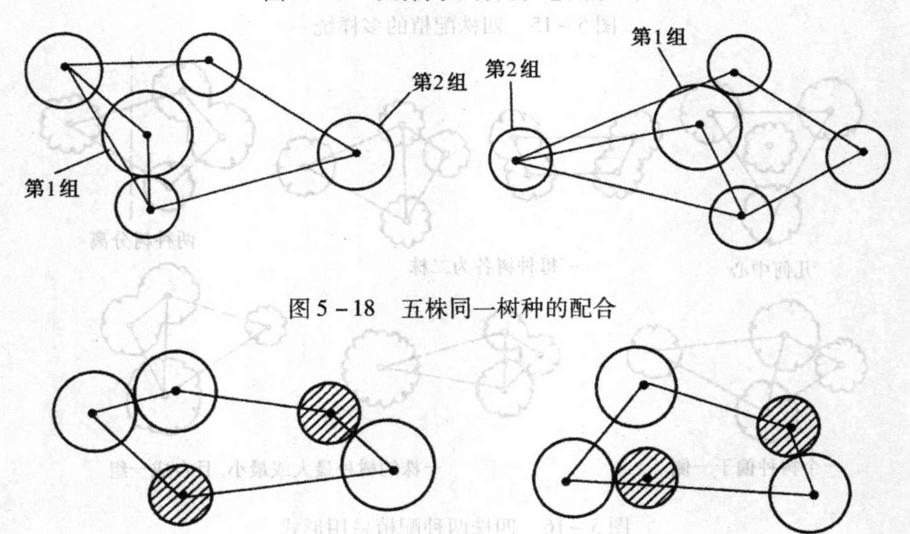

图 5－18　五株同一树种的配合

图 5－19　三种树种五株一丛 3: 3 组合

出不同种类的个性特征又能使这些个性特征很好地组合在一起而形成集团美，在景观上是具有丰富表现力的一种配植方式。一个好的组植，要求从每种的观赏特性、生态习性、种间关系、与周围环境的关系以及栽培养护管理上去多方面的综合考虑。

5.3.5　群植（树群）

组成树群的单株树木数量一般在 20～30 株。树群所表现的是以群体美为

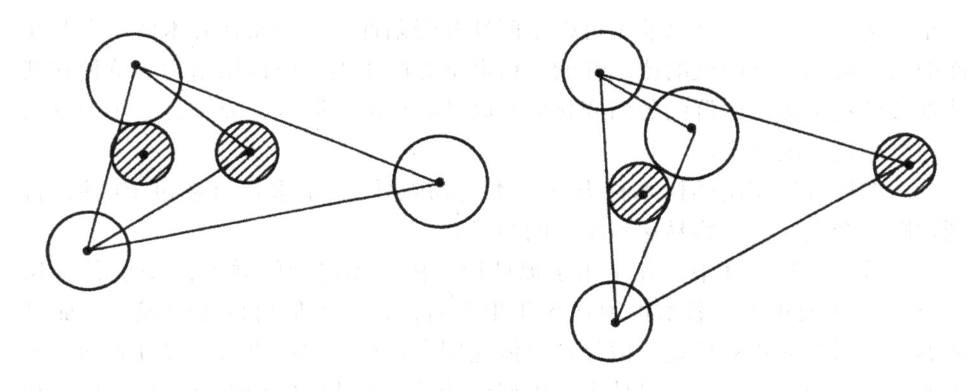

图 5-20　二种树种五株一丛的 4：1 组合

主。树群也和孤植树和树丛一样，是构图主景之一。树群必须要有足够视距的开朗场地，比孤植树和树丛所占面积大。如：在宽广的林中空地上、水中的小岛上，靠宽广水面的小溪、土丘与山坡上面均可设置树群。树群的主要观赏面的前方应有树高 4 倍、树群宽度 1.5 倍的视距空地，以便游人欣赏。

树群规模不宜太大，在构图上要四面空旷。树群内的每株树木，在群体的外貌上都要起一定的作用。树群的组合方式，最好采用郁闭式、成层的结合。树群内通常不允许游人进入，不具有庇荫休息的功能要求，但是树群的边缘地带仍可供游人庇荫与休息之用。

树群分为单纯树群和混交树群两类。

单纯树群由一种树木组成，可以应用宿根性花卉作为地被植物。树群的主要形式是混交树群。其混交形式可分为五个组成部分：乔木层、亚乔木层、大灌木层、小灌木层及多年生草本植物。也可以分为乔木、灌木与草本三层。这些组成部分在树群的主面景观中都应有显露部分，也是该植物观赏特性突出的部分。乔木层选用的树种，树冠要丰满，使整个树群的天际线富于变化。亚乔木层选用的树种最好开花繁茂，或有美丽的叶色。灌木层应以花木为主，树群下的土壤尽量以地被植物覆盖，不能暴露。

树群组合的基本原则：从高度来讲，乔木层应该在中央，亚乔木层在乔木的外缘，大灌木在亚乔木的外缘，这样彼此不会遮挡，但是，又不能像金字塔那样整齐均匀，应该有宽窄、断续、高低起伏的自然变化。

树群中树木的栽植距离，不能根据成年树木树冠的大小计算，要考虑水平郁闭和垂直郁闭，各层树木要相互庇覆交叉。同一层的树木郁闭度为 0.3～0.6 较好，但树木郁闭的疏密又应有变化。

作为第一层的乔木应该是阳性树，第二层的亚乔木可以是半阴性的，分布在东、南、西三面的外缘灌木可以是阳性和强阳性的，分布在乔木庇荫下及北面的灌木可以是半阴性的或阴性的。树群下方的土地，应该用耐阴的草种和其他地被植物覆盖。树群的竖向变化应有高低起伏的天际线，要注意一年四季的不同季相色彩的演变。

一般树群所应用的树木种类（草本植物除外），最多不宜超过 10 种，否则构图就会杂乱，不容易达到统一的结果。

在重点公共园林中，凡是用于孤植树、树丛和树群的乔木，最好采用 10 ~15 年生的成年树，灌木也须在 5 年生左右，这样不但可以很快成形，而且能够保持树群的相对稳定。但是在具体应用中往往苗木的供给与设计者的意图不能统一。因此，在树群设计中，根据树种的生长速度的快慢分为稳定树群和不稳定树群。

单纯树群，因树种相同，属相对稳定树群，而混交树群有稳定和不稳定树群的区别。

5.3.5.1　稳定树群

在成年大树的种植情况下，乔木与灌木为快速生长树种，后期生长能始终保持原有的高度比例关系，与设计意图一致。如：以杨、柳、槭作为第一层，以云杉、山杏、桑树为第二层，然后丁香、黄槐、接骨木等为下层和外缘树木，树群可以始终保持原有的高度比。

5.3.5.2　不稳定树群

主要表现在常绿针叶树作为第一层乔木，选用快速生长的落叶乔木为第二层时，由于生长速度不同，即使开始栽植时，在高度上按设计意图配植，随着时间的延长，第二层的快速生长乔木往往超过第一层的常绿针叶树。这种不稳定的后果，破坏了设计意图。为了适应这种情况，亦可设计出不稳定的景观演替方案。即：早期以落叶快速生长乔木为第一层，将半耐阴或幼树喜阴的常绿乔木为第二层。过数年后，第一层快速生长乔木开始衰老，第二层常绿树长成，逐渐变成第一层的要求时，加以修整便可除去衰老的第一层乔木，再适当地补植其他落叶树，构成后期稳定树群。

由于树群在植物配植上具有比较完整的构图和一定的规模，可以根据不同的主题来设计主景，直接用在植物园的展览区的种植类型中。如：以芳香树种为主的芳香树群，以药用植物、油料植物、淀粉植物等不同主题的树群（图 5 -21）。

5.3.6　林带（带状树群）

树群纵轴的延长，使长宽比达到 4：1 以上时便成为自然式的林带。林带属于连续的风景构图。林带的组合原则与树群一样，只是功能有所不同。

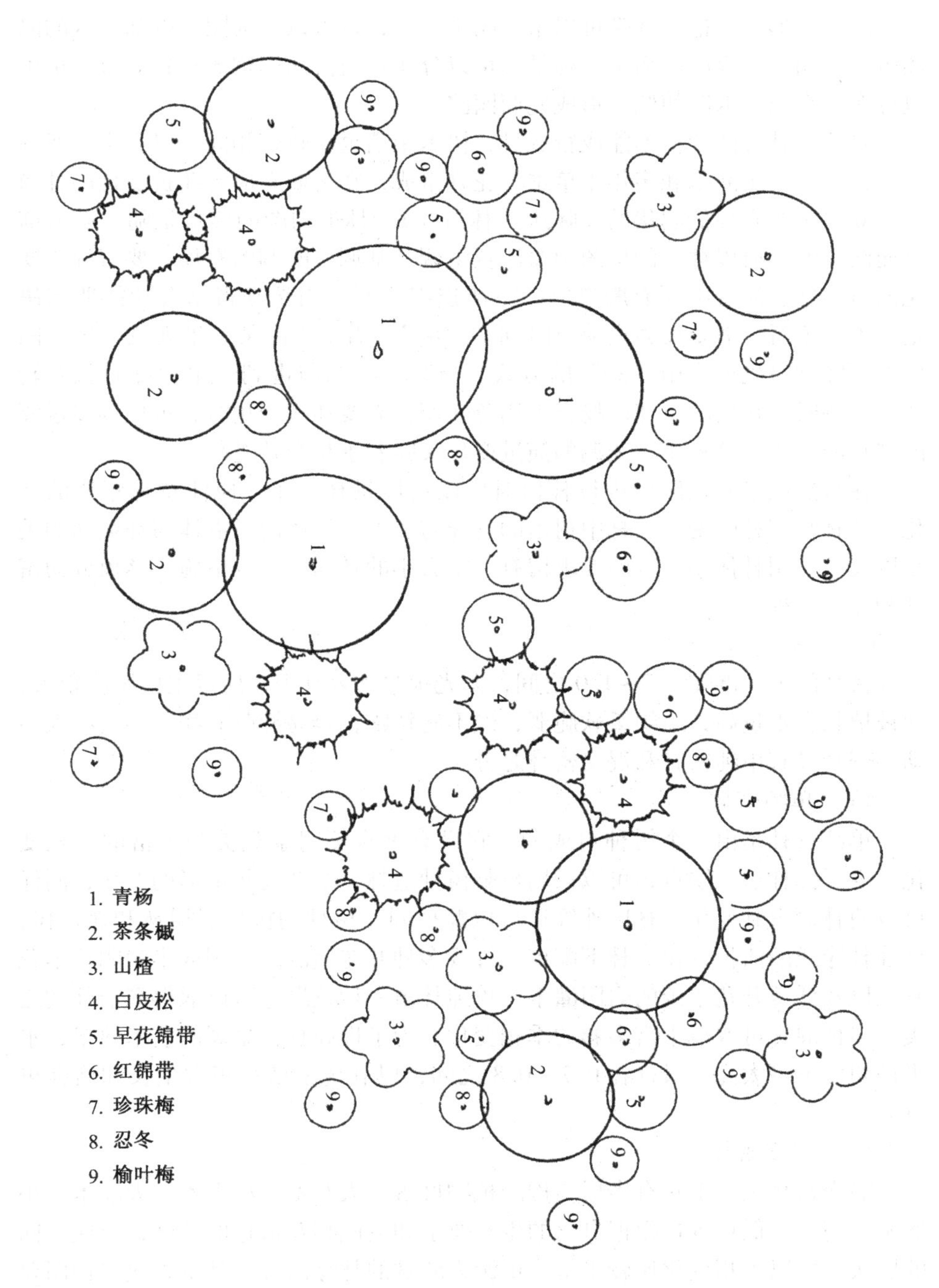

图 5－21 树群设计原理图

园林中形成环抱的林带可以组成闭锁空间，也可以作为园林内部分区的隔离带和公园与外界的隔离带。林带又可以分布在河流两岸构成夹景效果，也可以分布在自然式退路两侧，形成庇荫园路。

自然式林带的栽植不能成行成排，树木距离也宜疏密相间。以乔木、亚乔木、大灌木、小灌木和多年生草本、花卉组成，在平面上应有曲折变化的林缘线，立面上要有高低起伏的天际线（林冠线）。林带构图的鉴赏是随着游人前进而演进的，所以林带的构图中要注意主调、基调、配调的布局，要有统一变化的节奏感。演变中要有断有续，不能连绵不断，当然这得结合功能要求决定，不能绝对。需要设通道缺口时则宜“断”，需要露出某一景观或显示空间层次与深度时也可采用“断”的方式。当某一主调演进到一定程度时就要转调。转调时，在构图急变的场合下用急转调；需要和缓变化时，可用逐步过渡的缓转调方式。这种主、配调的演进变化又随着季相交替进行。

在自然风景游览区中进行林植时应以造风景林为主，应注意林冠线的变化、疏林与密林的变化、林中树木的选择与搭配、群体内及群体与环境间的关系以及按照园林休憩游览的要求留有一定大小的林间空地等措施。林植分为密林和疏林两种。

5.3.6.1 密　林

密林的郁闭度在0.7～1.0之间，阳光很少透入林下，所以土壤湿度很大，地被植物含水量高，组织柔软脆弱，经不起踩踏，容易弄脏衣物，不便游人活动。密林又有单纯密林和混交密林之分。

(1) 单纯密林

单纯密林是由一个树种组成的，它没有垂直郁闭景观美和丰富的季相变化。为了弥补这一缺点，可以采用异龄树种造林，结合起伏地形的变化，同样可以使林冠得到变化。林区外缘还可以配植同一树种的树群、树丛和孤植树，增强林缘线的曲折变化。林下配植一种或多种开花美丽的耐阴或半耐阴草本花卉，以及低矮开花繁茂的耐阴灌木。单纯林植一种花灌木可以取得简洁壮阔之美，多种混交可取得丰富多彩的季相变化。为了提高林下景观的艺术效果，水平郁闭度不可太高，最好在0.7～0.8之间，以利地下植被正常生长和增强可见度。

(2) 混交密林

混交密林是一个具有多层结构的植物群落，大乔木、小乔木、大灌木、小灌木、高草、低草各自根据自己的生态要求和彼此相互依存的条件，形成不同的层次，所以季相变化比较丰富。供游人欣赏的林缘部分，其垂直成层构图要十分突出，但也不能全部塞满，以致影响游人欣赏林下特有的幽邃深远之美。

为了能使游人深入林地，密林内部可以有自然路通过，但沿路两旁垂直郁闭度不可太大，游人漫步其中犹如回到大自然中。必要时还可以留出大小不同的空旷草坪，利用林间溪流水体，种植水生花卉，再附设一些简单构筑物，以供游人做短暂的休息或躲避风雨之用，更觉意味深长。

5.3.6.2　疏　林

疏林的郁闭度在0.4～0.6之间，常与草地相结合，故又称疏林草地。疏林草地是园林中应用最多的一种形式，不论是鸟语花香的春天，浓荫蔽日的夏天，或是晴空万里的秋天，游人总是喜欢在林间草地上休息、游戏、看书、摄影、野餐、观景等活动，即使在白雪皑皑的严冬，草地疏林内仍然别具风味。所以疏林中的树种应具有较高的观赏价值，树冠应开展，树荫要疏朗，生长要强健，花和叶的色彩要丰富，树枝线条要曲折多变，树干美观，常绿树与落叶树搭配要合适。树木的种植要三、五成群，疏密相间，错落有致务使构图生动活泼。林下草坪应该含水量少，组织坚韧耐践踏，不污染衣服，最好冬季不枯黄，尽可能让游人在草坪上活动，所以一般不修建园路。但是作为观赏用的嵌花草地疏林，就应该有路可通，不能让游人在草地上行走，为了能使林下花卉生长良好，乔木的树冠应疏朗一些，不宜过分郁闭。

自然式草地疏林可分为两种类型。

第一类为供游息活动与观赏的庇荫草地疏林，可满足游人在风和日丽、鸟语花香的春秋假日在疏林中草地上野餐、游戏、欣赏音乐、练武、打纸牌和进行日光浴等需要的场所。人们想乘凉纳荫可在树下，想日晒可在空旷草地，这里阳光明媚，视域通透开敞。

疏林草地的树种，应该以开展伞形的树冠，树荫疏朗的落叶乔木为主。在观赏特点上，花和叶的色彩要美，枝叶的形态要优美，若具芳香更佳。不宜使用有毒、飞絮、有碍卫生和游人游息的树种，如核桃、飞絮的雌性杨树。

各地适宜的树种主要有

华南地区：凤凰木、木棉、白兰、大叶合欢、黄豆树。

华北地区：朴树、油松、白皮松、白桦类、白蜡类、毛白杨、椴树类、君迁子、山荆子、洋槐等。

东北地区：樟子松、落叶松、黄菠萝、紫椴、糠椴、蒙古栎、山槐、山丁子、水冬瓜、白桦类、榆树类、糖槭等。

以游憩为主的草地疏林，游入主要在草地上进行活动，林中一般不专设园路。但是以目前园林中游人过盛的情况来看，虽然选用耐践踏的阳性禾本科草地，但是经过大量游人的反复践踏，给草地带来很大破坏。所以，目前对这种草地的使用还须因地制宜地加以控制和管理。

第二类为以观赏或生产为主的草地疏林。

针对第一类的草地疏林的管理问题，第二类疏林草地可设专供观赏、不准游人入内游憩活动的疏林草地。这类疏林草地除选用观赏性较高的乔、灌木外，林下和空旷草地中可以铺设自然式的游览园路。园路占疏林草地的密度比例为10% ~15%。园路的形式适用于步石、嵌草石板路等。在更融合于自然的疏林草地中，沿路也可适当设置坐椅。

还有一种比疏林草地的树木更稀疏的林地，叫做稀树草地。其特征为完全与草地疏林相似，只是单株乔木的距离可达20 ~30 m。

5.4 乔、灌木在绿地中的应用方式

在规则式园林中，为了使有生命的自然界植物与没有生命的人工建筑物取得和谐统一，需要人为的进行树木修剪，使这两种截然不同的两类物质，通过树木的变形，达到外形的协调，是规则式园林的特点之一。

5.4.1 树木整形

园林中树木应用形式可分为以下几种类型：

5.4.1.1 几何形体的整形

几何形体的整形是将树木修剪成球体、圆柱体、圆锥体、立方体等几何形体。这些人工修剪的几何形体树木，常设置在花坛的中央、建筑群的中轴线道路的两侧，成行地系列对植，更增强了空间的规则性，突出中轴线顶端的主体建筑。这种几何形体还应用在规则式的铺装广场和草坪上，既丰富广场和草坪的竖向绿化效果，又在形体上能和规则式平面取得协调一致。

5.4.1.2 动物体形的整形

园林中还常常将树木修剪成动物的模拟形态，如将树木修剪成孔雀、狮子、和平鸽、长颈鹿、大象等形象。这些动物形象通常布置在花坛中央、中轴线两侧的通道上、建筑物和园林的进口两旁，甚至安放在开敞的草地和林缘外面，具有自然形态的人工化景象。如：在动物园的动物笼舍外，设置与舍内动物相同的树木修剪成动物；在儿童公园，结合环境特点，设置富有儿童特征的卡通式米老鼠、大象等模拟形态树木等。

5.4.1.3 建筑形体的整形

在园林中还可利用常绿树作为建筑形体的整形，如绿门、绿墙、亭子、天安门等（图5 -22）。

5.4.1.4 绿篱与绿墙的整形

绿篱与绿墙仍属树木整形，是以修剪为主，不作人工绑结造型。凡是由灌

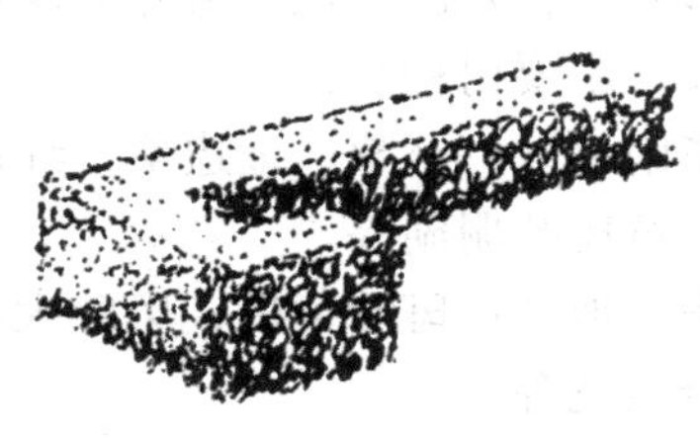

图 5－22　园林树木修剪形式

木或小乔木，以相等的株行距，单行或双行排列所构成的不透光、不透风结构的规则式小型林带，称为绿篱或绿墙。

①根据高度的不同分类。可以分为绿墙、高绿篱、中绿篱、矮绿篱四种。

绿墙：高度在一般人眼的高度以上，通常在 160 cm 以上，人的视线不能通过，如同一堵封闭的墙，故称作绿墙或树墙。

高绿篱：凡高度为 120～160 cm，可使人的视线通过，一般人又不能越过的绿篱，称作高绿篱。

中绿篱：高度为 50～120 cm，人若越过要费很大劲才行的绿篱，称作中绿篱。这种是园林绿地中最常用的绿篱形式。

矮绿篱：高度在 50 cm 以下，不需费事便可越过的绿篱，叫做矮绿篱。

②根据观赏特点和使用树种的不同分类。可分为常绿篱、落叶篱、花篱、彩叶篱、观果篱、刺篱、蔓篱、编篱等形式。

常绿篱：是用常绿针叶树或常绿阔叶树组成，为园林中常用的绿篱类型，主要树种有：

华南地区：茶树、常春藤、观音竹、凤毛竹、蚊母树、月桂等。

华中地区：桧柏、侧柏、红豆杉、罗汉松、大叶黄杨、女贞、水腊、黄杨、冬树、茶树等。

华北地区：桧柏、侧柏、朝鲜黄杨、杜松等。

东北地区：杜松、红皮云杉、侧柏、桧柏。

花篱：是由观花的乔灌木组成，一般在易于管理保护的重点地区运用，主要种有：

华南地区：桂花、栀子花、九里香、假连翘、三角花、凌霄等。

华中地区：麻叶绣球、郁李、溲疏、锦带花、郁李、桂花、栀子花等。

华北地区：小溲疏、溲疏、锦带花、毛樱桃、欧李、黄刺玫、迎春等。

东北地区：锦带花、黄刺玫、金老梅、银老梅、日本绣线菊。

花篱中很多是芳香花木，在芳香园中做绿篱尤具特色。

彩叶篱：是由红色和斑叶的观赏树木组成，有花篱的装饰特点，而且观赏期较长。主要树种有：

华南地区：红桑、金边桑，红色五彩变叶木、紫叶小蘖、紫叶刺蘖、金边珊瑚、黄斑叶珊瑚等。

华中地区：斑叶黄杨、斑叶大黄杨、金叶侧柏、金边女贞、白斑叶刺蘖、黄脉金银花等。

华北地区：银边胡颓子、彩叶锦带花、黄斑叶溲疏、白斑叶溲疏等。

东北地区：茶条槭。

落叶篱：在我国的淮河流域以南地区较少用落叶树做绿篱，因为落叶篱在冬季不美观。在我国的东北地区、西北地区及华北地区，因气候和植物品种所限，常绿的绿篱树种不多，而且生长缓慢，故亦采用落叶树做绿篱。主要树种有小蘖、绣线菊、小叶女贞、鼠李、榆树、小叶丁香、水腊树等。

除以上几种主要类型外，还有利用攀缘植物布满竹、木栅栏上的“蔓篱”；有将树木枝条编结起来，形成绿色活栅栏的“编篱”；有以观果为目的的果篱；又有为防范外界侵入而用带刺植物组成的刺篱。

5.4.2 绿篱和绿墙的树种

选用绿篱和绿墙的树种，具有如下特点：

①萌蘖性与再生性均强，容易形成不定芽，植株的分枝须耐修剪。

②植株的叶片宜小而密，花小而密，果小而多，并能大量繁殖，移植容易成活。

③生长速度不宜过快。

5.4.3 绿篱与绿墙的主要用途

①防范和围护作用：可以作为机关、学校、公园、果园的外围界标志。作为防范性的绿篱，多采用高绿篱或绿墙的形式，比砖围墙和木栅栏造价低，外观富于生气。治安保卫性要求高的单位，不宜用树墙防范。防范性绿篱一般不用整形绿篱，采用不整形绿篱即可。

②分隔园林空间作用：在规则式园林中，常用树墙屏障视线和组合不同功能的空间。树墙可以代替建筑的照壁、屏风墙和围墙，可以利用树墙分隔开自然式空间与规则式空间，使两种不同格局的景观差异得以隐蔽。常用树墙分隔儿童游戏场所或文娱活动区与安静休息区的界限，也作为公园与外界交通要道的分隔带。

③可以构成规则式园林的装饰图案：矮篱可以与草地、花坛、大型浮雕纹样和文字相结合，这种纹样和文字可以长期存在，只需稍加修剪保持形态即可。矮篱还可做花境的镶边。

④中绿篱是道路两侧的明显边界：在规则式空间中，强调道路的竖向形态，有力地组织游人的行进路线。中绿篱往往是建筑基础绿化的主要组成材料。

⑤可作为喷泉、雕像的背景：绿墙和高绿篱的绿色可以很好地衬托白色的喷泉和雕像。这种绿篱一般采用常绿的树种。

⑥装饰挡土墙；在规则式园林中，不同高差的两块台地之间，往往使用挡土墙护坡，利用绿篱挡在单调枯燥的挡土墙前，可以将立面美化。

5.4.4 花　坛

模纹式花坛：因为内部纹样繁复华丽，所以植床的外轮廓应该比较简单。

带状模纹式花坛：模纹花坛的长轴比短轴长，超过3倍以上时，称为带状模纹花坛。

毛毡花坛：应用各种观叶植物，组成精美复杂的装饰图案，花坛的表面通常修剪的十分平整，整个花坛好像是一块华丽的地毯，所以称为毛毡花坛。各种不同色彩的红绿苋和景天科的佛甲草（白草），通称五色草，是组成毛毡花坛的理想植物材料。五色草可以组成最细致精美的装饰纹样，可以做出6—10cm的线条。当然，毛毡花坛也可以应用其他低矮的观叶植物或花期较长花朵又小又密的低矮观花植物组成。但选用的植株必须高矮一致，花期一致，且观赏期长，因为毛毡花坛设计和施工都要花很大的功夫，如果观花期很短就不经济了。

标题式花坛：标题式花坛在形式上与模纹式花坛是没有区别的，只是表现的主题不同。模纹式花坛的图案完全是装饰性的，没有明确的主题思想。标题式花坛可以是文字，可以是具一定含意的图徽或绘画，还可以由肖像组成，表达一定的主题思想的。标题式花坛最好设在坡地的倾斜面上，并用木框固定，这样可以使游人看得格外清楚。

文字花坛：各种政治性的标语，各种提高生产积极性的口号，都可作为文字花坛的题材。文字花坛也可以用来庆祝节日，或是表示大规模展览会的名称。公园或风景区的命名，也可以用木本植物组成文字花坛来表示。有时文字的标题可以与绘画相结合，好像招贴画一样。例如一幅“世界和平”的花坛，除了文字以外，还可以用飞翔的和平鸽的图画来象征和平，在文字的周围应该用图案来装饰。

肖像花坛：肖像花坛的施工要精细，一般用红绿苋来组合最好。用其他植物栽植，都有一定的困难。

装饰物花坛：装饰物花坛也是模纹的一种类型，但是这种花坛是具有一定实用目的的。

日晷花坛：在公园的空旷草地或广场上，用毛毡花坛植物组织出12h图案的底盘，然后在底盘南方竖立一倾斜的指针。这样，在晴朗的日子，指针的投影就可从上午7时到午后3时这段时间里为我们指出正确的时间。日晷花坛不能设立在斜坡上，应该设立在平地上。

5.5 花卉的应用方式

花卉是自然界最美的植物，是进行室内、外美化的理想材料，随着人们物质生活水平的提高，花卉也正逐渐成为人们不可或缺的生活必需品。同时，花卉也是园林绿化的重要植物材料，花卉的种类多、繁殖系数高、花色丰富、装饰效果极强，所以常用来布置花坛、花境、花台、花丛等供人们欣赏。花卉不仅绿化、美化了环境，还可以起到防尘、杀菌和吸收有害气体的卫生防护作用，也常是大型节日的环境布置的主角。

5.5.1 花卉在园林中的应用及配置

5.5.1.1 花坛的特点及类型

花坛多设于广场、街道中央、公园、机关单位、学校等公共地段和办公教育场所，应用广泛。主要以规则式布局为主，有单独或连续带状及成群组合等类型。

花坛按其表现主题的不同，规划方式不同，维持时间长短也不同，具体分类如下，见图5－23。

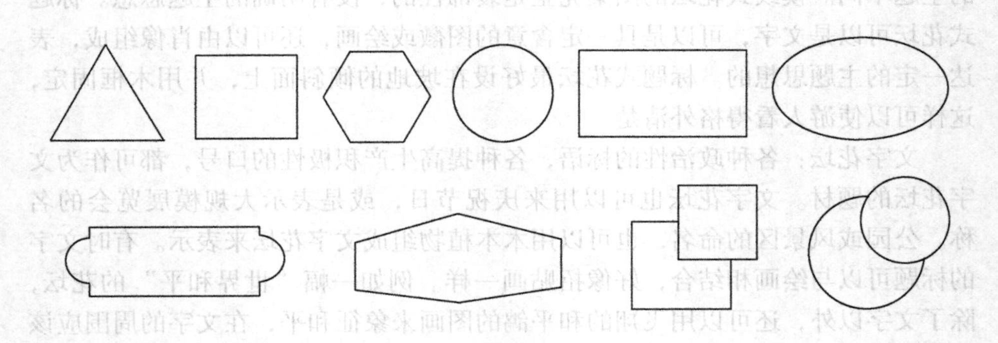

图5－23 花坛平面形状

（1）表现主题分类

花丛式花坛：花丛式花坛也可以称为“盛花花坛”。

花丛式花坛是以观花草本植物本身群体的华丽色彩为表现主题。花丛式花坛栽植的花卉必须开花繁茂，在盛开时，植物的枝叶最好全部被花朵所掩盖，达到见花不见叶的效果。所以植物的花期必须一致，叶大花小，叶多花少，以及叶和花朵稀疏而高矮参差不齐的花卉，不宜选用。

草坪花坛：大规模的花坛群和连续花坛非但不能收到美观的效果，反而会引起反作用。因此在街道、花园街道、大广场上，除重点的地方及主要的花坛采用模纹式花坛或花丛式花坛外，其余较次要的花坛，可以采用草坪花坛的形式。

草坪花坛布置在铺装的道路和广场中间，植床有一定的外形轮廓，植床高出于地面，并且有边缘石装饰起来。草坪花坛和花坛盛花一样，是供观赏的，不许游人入内游憩。

（2）依据规划方式分类

独立花坛：独立花坛并不意味着在构图中是独立或孤立存在的。独立花坛是主体花坛，总是作为局部构图的一个主体而存在的。独立花坛可以是花丛式的、模纹式的、标题式的或装饰性花坛，但是独立花坛一般不宜采用草坪花坛，草坪花坛作为构图主体是不够华丽的。建筑广场的中央、街道或道路的交叉口和公园的入口广场，小型或大型公共建筑正前方，林荫花园道的交叉口，由花架或树墙组织起来的空场中央，都可以布置独立花坛。独立花坛的长轴和短轴的比例不能大于3：1，带状花坛不宜作为静态风景的独立花坛。独立花坛外形平面的轮廓，不外乎三角形、正方形、长方形、菱形、梯形、五边形、六边形、八边形、半圆形、圆形、椭圆形，以及其他单面对称或多面对称的花式图案。独立花坛面积不能太大，因为其内没有通路，游人不能进入，如果面积太大，远处的花卉就模糊不清，失去了艺术的感染力。独立花坛的中央有时不做突出的处理，当需要突出处理时，有时用修剪的常绿树，有时用饰瓶或毛毯饰瓶、花篮，有时则用雕像作为中心。

花坛群：花坛群曾经在17世纪的法国园林中盛行一时。由历史上有名的造园大师勒纳特（Le Notre）设计的凡尔赛宫苑，主要是由大规模的花坛群组成的。

这种花坛群，其长轴和短轴的比例不超过3：1。独立花坛可以作为花坛群构图中心，其余个体花坛可以是对称的，也可以不是对称的。有时水池、喷泉、纪念碑、主题性的装饰雕塑，也常常作为花坛群的构图中心。

最简单的主体花坛群是由三个个体花坛组成的，其中一个是主体，另外两个是客体。复杂的花坛群可以由5，7，9……甚至更多的个体花坛组成。简单的配景花坛群，可以是布置在中轴线上左右对称的花坛。花坛内部的铺装场地及道路，是允许游人活动的。大规模的花坛群还可以设置坐椅、花架，以供游人休息。花坛群可以全部采用模纹式的或花丛式的。如果遇到四周为高地，而中央为下沉的平地时，就把花坛群布置在低洼的平地上，但应有地下的排水设备，以免积水。这种下沉的花坛群称为“沉床花园”。沉床式花坛群能够更满意地鉴赏花坛群的整个构图，见图5-24。

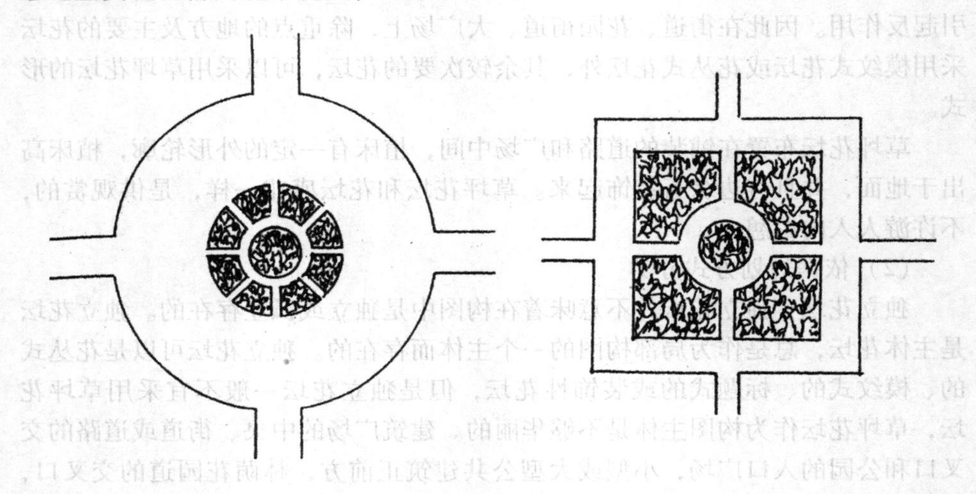

图5-24　花坛群

花坛组群：由几个花坛群组合成的构图整体，称为花坛组群。通常布置在城市的大型建筑广场上和大型的公共建筑前，或是布置在大规模的规则式园林中。构图中心常常是大型的喷泉、水池、雕像，次要部分常用华丽的园灯来装饰。

5.5.1.2　花坛的规划及设计原则

(1)　花坛及花坛群的平面布置

花坛在整个规则式的园林构图中，有时作为主题来处理，有时则作为配景来处理。花坛与周围的环境、构图的其他因素之间的关系。有两种：一是对比，二是调和。

花坛是水平方向的平面装饰，广场周围的建筑物、装饰物、乔木和大灌木等的装饰性是立面的和立体的。这是空间构图上的主要对比。周围的树木是单色的，主要是绿色，花坛则是彩色的，是色彩上的对比。在素材的质地上，建筑材料和植物材料的对比是突出的，建筑与铺装广场的色相是不饱和的，而花坛的色相就比较饱和，花坛的装饰纹样在简洁的场地上的对比是突出的。

花坛与周围的环境、构图等因素之间，除了对比关系之外，还有调和统一的一面。作为主景来处理的花坛和花坛群，其外形是对称的，可以是单轴对称，也可以是多轴对称，其本身的轴线应该与构图整体的轴线相一致。

当花坛直接作为雕塑群、喷泉、纪念性雕像的基座的装饰时，花坛应该处于从属地位，应用图案简单的花丛花坛作为配景，色彩可以鲜艳，因为雕像群、喷泉、纪念性雕像表现的主题不在于色彩，但纹样过分富丽复杂的模纹花坛，不宜作为配景，否则容易扰乱主体。木本常绿小灌木或草花布置的草坪花坛，也可作为基座的装饰。

构图中心为装饰性喷泉和装饰性雕像群的花坛群，其外围的个体花坛可以很华丽，但是中央为纪念性雕像的花坛群，四周的个体花坛的装饰性应该恰如其分，以免喧宾夺主，以采用纹样简单的花丛式花坛或草坪为主的模纹花坛为宜。总体来说，花坛或花坛群的平面外形轮廓应该与广场的平面轮廓相一致。但是如果花坛外形只是广场的缩小，这就会因为过分类似而失去活泼感。如果有一定的变化，艺术效果就会更好一些。如果是交通量很大的广场，或是游人集散量很大的大型公共建筑前的广场，为了照顾车辆的交通流畅及游人的集散，则花坛的外形常常与广场的轮廓不一致。此时，由于功能上的要求起了决定性的作用，就不至于感到构图的不调和了。例如，在正方形的街道交叉广场、三角形的街道交叉广场的中央，都可以布置圆形花坛，而在长方形的广场上可以布置椭圆形花坛。

作为配景处理的花坛，是以花坛群的形式出现的。配景花坛群是配植在主景主轴的两侧。只有作为主景的花坛可以布置在主轴上，配景花坛只能布置在轴线的两侧。配景花坛的个体花坛，外形与外部纹样不能采用多轴对称的形式，最多只能应用单轴对称的图案和外形。分布在主景主轴两侧的花坛，其个体本身最好不对称，但与主景主轴另一侧的个体花坛必须对称。这是群体的对称，不是个体本身的对称。

（2）个体花坛的设计

花坛的内部图案纹样：花丛花坛的图案纹样应该简单。模纹花坛、标题花坛的纹样应该丰富。花坛的外部轮廓应该简单。花坛的装饰纹样，应该与周围的建筑艺术、雕刻、绘画的风格相一致。由五色草组成的纹样最细的线条其宽度可为 6 ~ 10 cm（最少由两行组成）。用其他花卉和常绿木本植物组成的花纹，最细也得在 10 cm 以上。要保持纹样最细的线条，必须经常修剪。

花坛的高度及边缘石：花坛表现的是平面图案，由于视角关系离地面不能太高，但为了花卉排水、突出主体和避免游人践踏，花坛的种植床应该稍高出地面。通常种植床的土面高出外面平地 7 ~ 10 cm。为了利于排水和观赏，花坛的中央应拱起，成为向四面倾斜的和缓曲面。花丛花坛最好能保持 4% ~ 10% 的坡度；五色草花坛可以保持 10% ~15% 以上的坡度。种植床内的种植土厚度，栽植五色草、一年生花卉及草坪为 20 cm；栽植多年生花卉及灌木者为 40 cm。

(3) 花坛设计图的制作

①总平面布置图。比例尺：$\frac{1}{500} \sim \frac{1}{1\,000}$，画出建筑物的边界、道路、广场、草地及花坛的平面轮廓，做出纵横断面。

②花坛的轮替计划。除了永久性花坛外，半永久花坛或花丛花坛，在温带和寒温带地区，在春、夏、秋三个季节里经常要保持美观，在亚热带一年四季都要保持美观。花卉不可能一年四季都处于盛花的状态下，所以每个花坛应该把一年内花坛组合的轮替计划做出来，并做出每一期的花坛施工图和育苗计划。

5.5.1.3 植物在花坛中的应用形式

(1) 花丛式花坛应用的景观植物

花丛式花坛以草花为主，通常不应用观叶植物。所用的观花花卉，必须开花繁茂，花期一致，花期要长，花序高矮一致，见花而不见叶，花序分布成水平面展开，如金盏菊、石竹、福禄考等。

花丛花坛的植物，只有在花朵初开时才允许栽入花坛，花朵一谢就必须清除，然后用别的开花花卉更换。花丛花坛的植物，可以是一年生的，也可以是球根花卉或多年生的花卉，但应该以一年生花卉为主。

模纹式花坛对观赏植物的要求：模纹式花坛的纹样要求长期稳定不变，维持较长久的观赏期，需经常修剪。模纹式花坛应用的观赏植物，最好是生长缓慢及生长速度一致的木本或草本植物，用观叶植物比观花植物更为合适。

(2) 景观植物花期与花坛的关系

物候期与花坛设计的关系。用作花坛材料的观赏植物来自世界各地，由于地域的不同，其花期先后的变化并不可能依照完全一定的关系演变。所以各地应该把各地栽培的观赏植物的花期详细记载，有了 3 年以上的完整记录，才能作为花坛设计的依据。有了正确的花期，还要了解从育苗到开花的生长期的长短，否则花坛的轮替计划就会落空。

植物观赏期的长短与花坛的关系。花坛可以根据观赏期的长短分为三种类型。

①永久性花坛。利用草坪做成的草坪花坛，利用露地常绿木本植物、草坪或色砂做成的模纹式花坛，是最长期的花坛，可维持 10 年甚至 10 年以上，不需要根本的改造。

②半永久性花坛。一类是草坪花坛中用一年生花卉重点点缀一些花纹或镶边，花卉装饰的面积很小，草坪面积很大。这些花卉必须随时更换，如果重点装饰的花卉是花叶兼美的常绿露地多年生花卉，只要 3～4 年更新一次即可。第二类是全由常绿、花叶兼美的露地多年生花卉组成的花坛，一般 3～5 年更新一次，有的每隔二年就要更新一次。还有一类花坛，是以露地常绿木本植物为主体，栽成丰富的图案，其中再填充开花华丽的一年生或多年生花卉，这些填充花卉，可以随时更换。

半永久性花坛在管理上比永久性花坛费事，但色彩可以华丽一些。

③季节性花坛。维持的时间最长是一年，主要是由一年生的草本植物组成，如果应用多年生草本植物，也是短期应用。因为这一类植物生长速度快，容易破坏图案的精细纹样，所以到一定时期就要重新布置。在温带地区，温室的草本多年生植物在下霜期就要移入室内，所以花坛不能长期维持。

最短期花坛是花丛花坛。如郁金香花坛，最多只能维持 10 天；风信子花坛，可以维持 20 天到一个月。像这样的球根花坛，叶面不能把整个土壤表面覆盖起来，可以和其他花卉，如三色堇、香雪球等混栽，效果很好（图 5－25 和图 5－26）。

5.5.2 花 境

花境是园林中从规则式构图到自然式构图的一种过渡和半自然式的带状种植形式。它既表现植物个体的自然美，又展示了植物自然组合的群体美。花境一次种植后可多年使用，四季有景。花境不仅增加了园林景观，还具有分割空间和组织游览路线的作用。

5.5.2.1 花境的类型

从设计形式上分，花境主要有三类。

①单面花境：传统的花境形式，是以建筑物、矮墙、树丛、绿篱等为背景，前面为低矮的边缘植物，整体上前低后高，仅供一面观赏。

②双面花境：这种形式的花境没有背景，多设置在草坪上或树丛间及道路中央，植物种植形式是中间高、两侧低，两侧能同时供游人观赏。

③对应式花境：一般在园路的两侧，草坪中央或建筑物周围设置相对应的两个花境，这两个花境呈左右二列式。在设计上统一考虑，作为一组景观，多采用近似对称的手法，以求有节奏变化。

从种类组合上分花境的类型：

①草花花境：即一年生草花组成的花境，如串红、万寿菊、孔雀草、石竹、三色堇等（中国东北地区）。

②宿根花卉花境：花境内的植物材料全部由可露地越冬的宿根花卉组成，

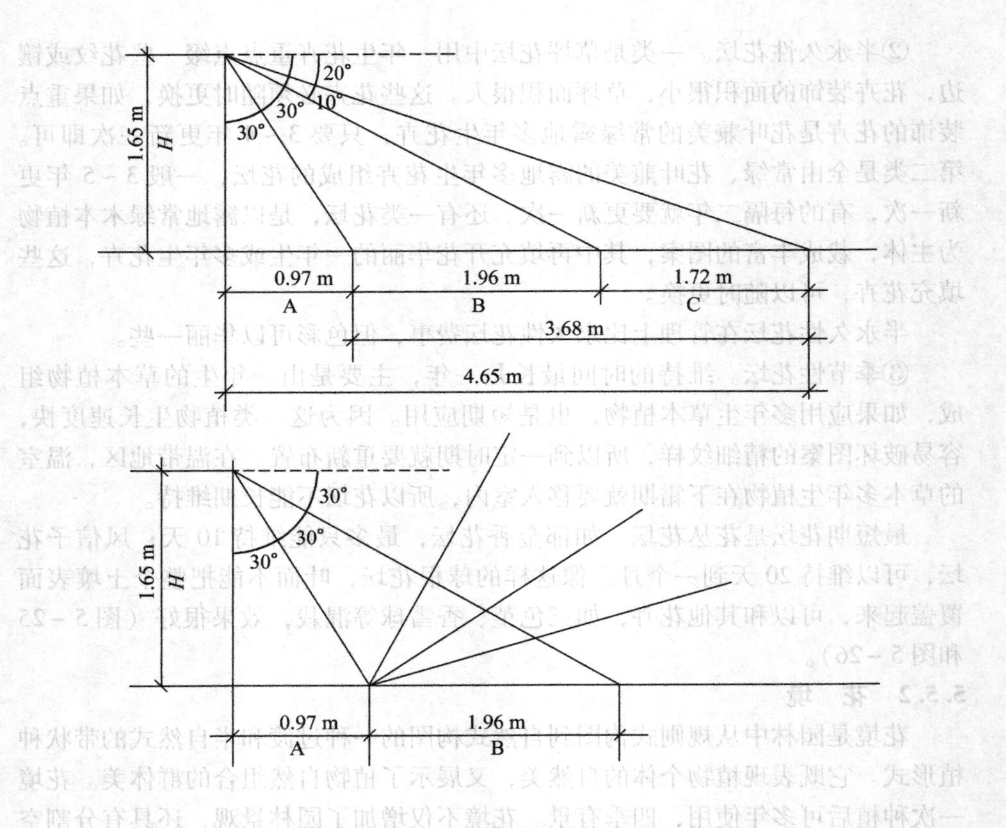

图 5－25　花坛视角的透视关系

如芍药、萱草、鸢尾、玉簪、荷包牡丹、耧斗菜、皇冠紫等。

③球根花卉生境：花境的植物材料全部由球根花卉组成，球根花卉在沈阳以北不能露地越冬，需要进行冬季冷藏低温处理，如百合、唐草蒲、郁金香、大丽花、杜鹃等。

④灌木花境：花境内的植物材料全部为灌木，以观赏价值高的观花、观叶、观果、观茎及体量小、分枝多的灌木为主，如迎春、连翘、月季、紫叶小檗、金山绣线菊、金银花、月季、杜鹃等。

⑤专类花卉花境：由同一属不同种类或同一种不同品种植物为主要种植材料的花境。做专类花境用的植物材料要求花期、株形、花色等有较丰富的变化，从而体现花境的特点，如百合类花境、萱草类花境、杜鹃类花境等。

⑥混合式花境：花境由两种或两种以上的种植材料组成的花境形式，主要以耐寒的宿根花为主，配置少量的花灌木、球根花卉或一、二年生草花。这种花境季相分明，色彩丰富，近年来应用较多。

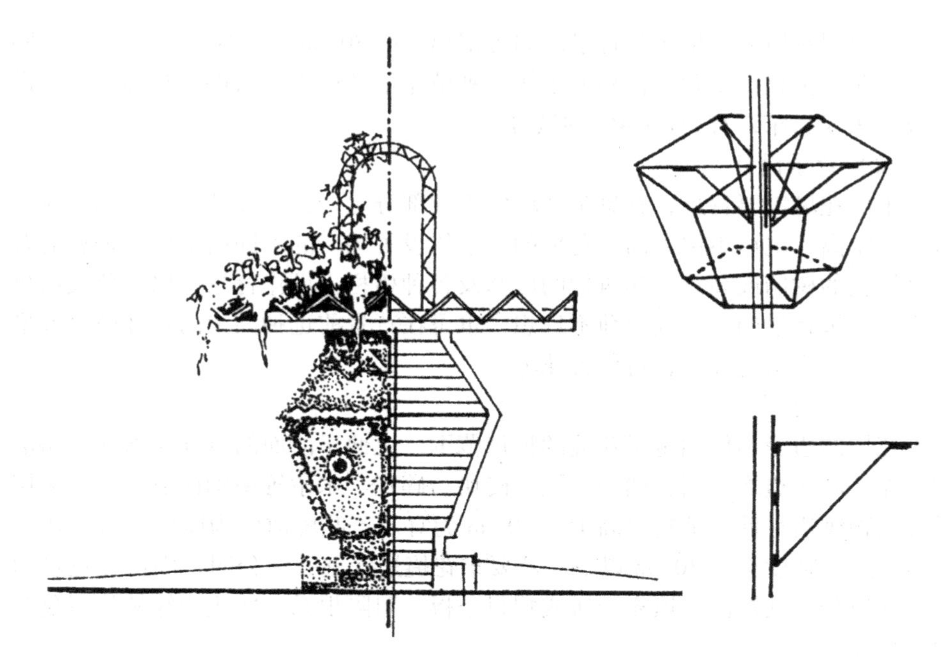

图 5－26　花篮构造简图

5.5.2.2　花境在城市绿地中的重要性

花境是模拟自然界中林地边缘地带多种野生植物、花卉交错生长的天然状态，通过艺术手法的运用将这种形式巧妙运用到城市绿地中，可设置在公园、风景区、街心绿地、花园、林荫路旁。

花境是一种自然式的种植形式，适合用在园林中的建筑、道路、绿篱等人工建筑物与自然环境之间，起到由人工到自然的过渡作用。花境的不规则的种植形式，软化了建筑物的硬线条，同时花境丰富的色彩和季相变化可以弥补绿篱的单调、绿墙的生硬及大面积草坪的空旷，起到很好的装饰效果，提升了城市绿地的自然美。

5.5.2.3　花境形式

花境设计包括种植床设计、衬景设计、边缘设计及种植设计。

（1）种植床设计

一般来说单面观赏的花境都采用种植床设计，前边缘线为直线或曲线，后边缘线多采用直线。双面花境采用种植床设计时，边缘线基本平行，可以是直线，也可以是曲线，对应式花境要求轴沿南北方向延伸，这样对应的两个花境光照均匀，生长势相近，达到均衡的观赏效果。过长的植床可分为几段，每段长度不超过 20 m，每段间隔 1 ~ 3 m，可设置雕塑或坐椅及其他园林小品。较宽的单面观花境的种植床与背景之间可留出 70 ~ 80 cm 的小路，便于管理，同时可使花境植物不受背景植物的干扰。种植床依环境土壤条件及装饰要求可设计成平床或高床，有 2% ~4% 的坡度。

（2）背景设计

单面花境需要背景，背景是花境的组成部分之一，按设计需要，可与花境有一定距离，也可不留距离。花境的背景依设置场所的不同而不同，理想的背景是绿色的树墙或高篱。建筑物的墙基及各种栅栏也可作背景，以绿色或白色为宜。如果背景的颜色或质地不理想，也可在背景前选种高大的观叶植物或攀缘植物，形成绿色屏障，再设置花境。

（3）边缘设计

花境的边缘不仅确定了花境的种植范围，也便于前面的草坪修剪和园路清扫工作。高床边缘可用自然的石块、砖块、碎瓦、木条等垒砌而成。平床多用低矮植物镶边，低矮植物以高 15 ~ 20 cm 为宜。若花境前面为园路，边缘用草坪带镶边，宽度至少 30 cm 以上。若要求花境边缘整齐、分明，则可在花境边缘与环境分界处挖沟，填充金属或塑料条板，阻隔根系，防止边缘植物侵蔓路面或草坪。

（4）种植设计

种植设计是花境设计的关键。全面了解植物的生态习性并正确选择适宜的植物材料是种植设计成功的根本保证。选择植物应注意以下几个方面：以在当地露地越冬，不需要特殊管理的宿根花卉为主，兼顾一些小灌木及球根一、二年生花卉。花卉应有较长的花期，且花期能分散于各个季节，花色丰富多彩，有较高的观赏价值。如花、叶兼美的观叶植物、芳香植物等。

每种植物都有其独特的外形，质地和颜色，在这几个因素中，前两种更为重要。因为如果不充分考虑这些因素，任何种植设计都将成为一种没有特色的混杂体。季相变化是花境的特征之一，利用花期、花色、叶色及各季节所具有的代表植物可创造季相景观。

利用植物的株形、株高、花序及质地等观赏特性可创造出花境高低错落、层次分明的立面景观。要使花境设计、种植取得满意的效果，学习借鉴已成形的花境图案资料是十分必要的。同时更要充分了解在自然环境中优势植物及次要植物的分布比例和在野生状态下植物群落的盛衰关系、相生相克的关系，掌握优势植物的更替、混交的演变规律，不同土壤状况对优势植物分布的影响及植物根系在土壤不同层次中的分布和生长状态等方面的知识，这样在花境设计时才可得心应手。

5.6 绿篱的应用形式

5.6.1 绿篱的概念

绿篱是用植物密植而成的围墙。余树勋认为：绿篱是栽种植物使之形成的墙垣。修剪成规整的几何图案式的绿篱是近百年自西方传入中国的，自然式不修剪的花篱或在竹篱上攀上一些蔓性植物，在我国古典园林中有之。

5.6.1.1 组织空间

一般常用绿篱去分隔或表示不同功能的园林空间或局部空间的划分。另外，绿篱在组织游览路线上也常起着很大作用，常见于道路两旁，有时也有用乔木组成绿篱去遮挡游人视线，把游人引向视野开阔的空间。

5.6.1.2 作花境、雕像的背景效果，强调造园构图美

绿篱可以用遮掩园林中不雅观的建筑物或起到园墙、挡土墙等遮蔽功能，并调节日照和通风。在西方古典园林中，常用欧洲紫杉、月桂树等常绿树修剪成各种形式的绿墙作为喷泉和雕像的背景，高度一般要与喷泉或雕像的高度比例协调，色彩以选用没有反光的暗绿色树种为宜。一般均为常绿的矮篱及中篱。

5.6.2 绿篱的类型

5.6.2.1 根据修剪方式、程度的不同分类

（1）规则式绿篱

经过长期不断的修剪，形成的具有一定规则几何形体的绿篱。

（2）自然式绿篱

仅对绿篱的顶部适量修剪，下部枝叶则保持自然生长。

5.6.2.2 绿篱的分类

根据高度的不同，可分为矮绿篱、中绿篱、高绿篱、树墙四种。

①矮绿篱：高度在 50 cm 以下。

②中绿篱：高度在 50 ~ 120 cm 之间。

③高绿篱：高度在 120 ~ 160 cm 之间。

④树墙：是一类特殊形式的绿篱，一般由乔木经修剪而成，高度在160 cm 以上，一般高于眼高。

根据在园林景观中营造的手法不同，可分为常绿篱、落叶篱、彩叶篱、刺篱、编篱、花篱、果篱、蔓篱等 8 种类型。

①常绿篱：由常绿针叶或常绿阔叶植物组成，一般都修剪成规整式，是园林应用最常用一种绿篱。

北方主要利用其常绿的枝叶，丰富冬季植物景观。常绿篱的植物选择要求：枝叶繁密，生长速度较慢，有一定的耐阴性，不会产生枝叶下部干枯现象，常用树种有桧柏、圆柏、侧柏、矮紫杉、黄杨、大叶黄杨、锦熟黄杨、女贞、冬青、小叶女贞、蚊母树、茶树。

②落叶篱：落叶篱主要用在冬季气候严寒的地区，如我国的东北、华北地区常用。常选用春季萌发较早或萌芽力较强的树种，主要有榆树、水腊、绣线菊、小叶丁香、金老梅、银老梅、紫穗槐、鼠李、沙棘、胡颓子等。

③彩叶篱：彩叶篱以它的彩叶为主要特点，由红叶或斑叶的树木组成，能显著改善园林景观，在少花的秋冬季节尤为突出，因此在园林中应用越来越多。

叶以红色或紫色为主：紫叶小檗、紫叶刺檗、金山绣线菊、金焰绣线菊。

④刺篱：有些植物具有叶刺、枝刺或叶本身刺状，这些刺不仅具有较好的防护效果，而且本身也可作为观赏材料，在一般情况下，通常把它们修剪成绿篱。常见的植物有枸骨、蔷薇、胡颓子、欧洲冬青、十大功劳、阔叶十大功劳、桧柏、小檗等。

⑤编篱和花篱：园林中常把一些枝条柔软的植物编织在一起，从外观上给人紧密一致的感觉，这种形式的绿篱称为编篱。常可选用的植物有紫薇、杞柳、木槿、雪柳、连翘、金钟、柳等。

观花篱主要选开花大、花期一致、花色美丽的种类，常见的有：

a. 常绿芳香类有桂花、栀子花、雀舌花、九里香、米兰；

b. 常绿类有宝巾（三角花）、朱槿、六月雪、凌霄、山茶花；

c. 落叶类有小溲疏、溲疏、锦带花、木槿、郁李、黄刺玫、珍珠花、麻叶绣球、七姊妹、藤本月季、蔷薇属、锦带花、映山红、贴梗海棠、榆叶梅、珍珠梅、绣线菊属植物、欧李、毛樱桃等。

⑥果篱和蔓篱。

果篱：许多绿篱植物在果实长成时，可以观赏其美丽的果实，别具风韵。常见的如：紫叶小檗、枸橘、火棘属、郁李、卫矛、桃叶卫茅、火炬树等。

蔓篱：为了迅速达到防范或区划空间的作用，常建立竹篱、木栅围墙或铅丝网篱，同时栽植藤本植物，攀缘于篱栅之上，主要植物有七姊妹、藤本月季、金银花、凌霄、常春藤、山荞麦、茑萝、牵牛花等。

5.6.3　绿篱的植物材料选择

萌蘖性、再生性强、上下枝叶茂密，并长久保存。抗病虫害、尘埃、煤烟等。叶小而密、花小而密、果小而多、繁殖容易。生长速度不宜过快，抗逆性强，病虫害少。

5.6.4 绿篱的应用方式

5.6.4.1 种植成装饰性图案

采用几种色彩不同的绿篱植物组成一定规模的色块、色带，体现整体美。例如欧洲规则式园林中，常用针叶植物与彩叶植物构成色彩鲜明的色块或色带。

5.6.4.2 构成主景的衬景

园林中，尤其是纪念性园林中，或在某些园林小品，如花坛、花境、雕塑、喷泉及其他小品的背景处，常配植整齐的绿篱，可以烘托一定的气氛。

5.6.4.3 用绿墙构成透景效果，突出某些建筑物的外形轮廓

透景是园林中常用的一种造景方式，它多以高大的乔木构成的密林中，其中特意开辟出一条透景线，使对景能相互透视，也可用绿墙下面的空间组成透景线，从而构成一种半通透的景观，既能克服绿墙下部枝叶空荡的缺点，又给人以“犹抱琵琶半遮面”的效果。

5.6.5 绿篱的养护与管理

5.6.5.1 修 剪

①根据绿篱的生长习性进行修剪。先花后叶植物可在春季开花后进行修剪，用重剪促进枝条更新，轻剪维持树冠形状；花开于当年新梢的种类可在冬季或早春修剪。萌芽力极强或冬季易干梢的种类可在冬季重剪，春季催肥、水，促使新梢早发芽；月季等花期较长的，除早春重剪花枝外，还应在花后将新梢修剪，以利于多次开花。

②根据植物的需光性，调整绿篱的修剪形状。

一般中矮篱选用速生树种，例如女贞、水腊，可用 2 ~ 3 年生苗木于栽植时离地面 10 cm 处剪去，促其分枝。

在绿篱修剪时，立面的形体要与平面的形式相和谐。如在自然式的林地旁，可把绿篱修剪成高低起伏的形式；在规则式的园路边，则将它修剪出笔直的线条，绿篱的起点和终点应做尽端处理，从侧面看比较厚实美观。

5.6.5.2 绿篱的栽植形式

一般多为单行直线或几何曲线，栽植的株行距应依据树种生长速度和苗木的大小而定，一般株距 30 ~ 50 cm，篱成型宽度 40 ~ 60 cm，高度 50 cm。中篱单或双行，直或曲线。株距 30 ~ 50 cm 单行宽 40 ~ 70 cm，双行栽植时，行间距 30 ~ 50 cm，栽植点成品字形交叉排列，高度为 50 ~ 120 cm。双行宽 50 ~ 100 cm。高篱株距 50 ~ 75 cm。树墙株距 100 ~ 150 cm，行间距 150 ~ 200 cm。

5.7 垂直绿化

5.7.1 垂直绿化的意义

垂直绿化指在城市绿化营造过程中，利用现有设施（墙型、栏杆、棚架、柱及陡直、斜坡的山石等）进行立体绿化的形式。随着城市化进程的快速发展，平面绿化面积的拓展越来越受限，为提高城市环保指数和生态环境质量，缓解城市热岛效应。具有如下特点。

5.7.1.1 节约用地，能充分利用空间，达到绿化、净化环境的目的

在一些不能种植乔木、灌木的地方，可栽植攀缘植物。攀缘植物除了根系需要从土壤中吸取营养，占用少量地表面积之外，其枝叶可沿墙而上，向上争夺空间。

5.7.1.2 垂直绿化在外观上具有变性，短期内能取得良好的效果

攀缘植物一般都生长迅速、管理粗放、易于繁殖。在进行垂直绿化时，可以用加大种植密度的方法，使之在短期内见效快。

5.7.1.3 攀缘物需要用工人方法生长

攀缘植物本身不能直立生长，只有通过它的特殊器官如吸盘、钩刺、卷须、缠绕茎、气生根等，依附于支撑物上。

5.7.2 垂直绿化的类别及功能

5.7.2.1 室外墙体绿化

目前国内外常见的墙面主要有清水砖墙面、水泥粉墙、水刷石、毛墙、石灰粉墙、玻璃幕墙、水泥混合沙浆等。对于上述墙面表层结构粗糙，易于攀缘植物附着，配置有吸盘与气生根器官的地锦、常春藤等攀缘植物较适宜，其中毛墙还适易使用带钩刺的植物沿墙攀缘。石灰粉墙的强度低，且抗水性差，表层易于脱落，不利于具有吸盘的爬山虎等吸附，这些墙体的绿化一般需要人工固定。玻璃幕墙表面光滑，植物无法攀缘，这类墙体绿化最好在靠墙处搭成绿化格架，使植物攀附于格架之上，既起到绿化作用，又利于控制攀缘植物的生长高度，取得整齐一致的效果。

5.7.2.2 攀缘植物季相美的应用

攀缘植物大多数具有一定的季相变化。因此在进行垂直绿化时，需要考虑植物的季相变化，并利用这些季相变化去合理搭配植物，充分发挥植物的群体美。只有充分考虑到植物的季相变化，才能丰富建筑物的景观和色彩。攀缘植物的季相变化非常明显，故不同建筑墙面应合理搭配不同植物。墙体垂直绿化设计除要考虑空间大小外，还要顾及与建筑物色彩和周围环境色彩相协调。

5.7.2.3　攀缘植物的种植方法

①地植：墙面绿化种植多采用地栽，地栽有利于植物生长，便于养护管理。

②容器种植：在不适宜地栽的条件下，要砌种植槽，一般高0.6m，宽0.5m。根据具体要求决定种植池的尺寸，不到半立方米的土壤即可种植一株爬山虎。在容器中种植能达到地栽同样的绿化效果，欧美国家应用容器种植绿化墙面，形式多样。

③预制花盆堆砌：在没有条件进行地植、容器种植的地方，采用移动零活的花盆种植藤本或非藤本植物。

5.7.2.4　花架、绿廊、拱门、凉亭的绿化

花架、绿廊、拱门、凉亭的绿化，主要材料以藤本为主，植物选择应以观花、赏果、遮荫为主要目的。建筑外形粗犷、古朴，宜选用粗壮的藤本植物；建筑外形轻盈的宜选用茎干细柔的植物。

5.7.2.5　庭院中小型荫棚、凉棚、瓜棚的绿化

荫棚、凉棚、瓜棚都处在居民的庭院中，与居民的生活息息相关，在植物选择上宜采用管理粗放的品种，适合整个小区的环境，常选用有一定经济价值，较为轻柔的攀缘植物。

常见的植物有：葡萄、山葡萄、丝瓜、蛇爪、香豆、扁豆、狗枣子、观赏南瓜等。

5.7.2.6　阳台、窗台的绿化、彩化

阳台、窗台是建筑立面上的重点彩化、绿化部位，具有普遍性，多为私有空间，用各种植物材料装饰阳台、窗台，在美化建筑物的同时也美化了城市。

①阳台、窗台绿化的形式：通风、彩光好的阳台、窗台，可搭设花架或移动式花槽，种植花叶茂盛的攀缘植物，西照阳台夏季下午西晒厉害，宜采用平行垂直绿化，形成绿色幕帘，起到隔热降温的作用，使阳台形成清凉舒适的环境。植物选择可采用观叶、观果的植物，如山葡萄、葡萄、金银花等植物材料。

阳台绿化的植物材料常选择攀缘和蔓生植物，如木本攀缘植物地锦、常春藤、葡萄、金银花、凌霄、十姐妹、叶子花等；草本攀缘植物牵牛、茑萝、丝瓜、扁豆、香豌豆等；一年生或多年生草花天竺葵、美女樱、金盏花、半枝莲、矮牵牛等。

②植物牵引方法：用建筑材料做成简易的棚架形式，棚架耐用而本身具有观赏价值。这种方法适宜攀缘能力较弱的植物。也可用绳、铁丝等牵引，可按阳台主人的设想牵引，有的从底层庭院向上牵引，也有从楼层向上牵引，将阳

台绿化与墙面绿化融为一体，丰富建筑立面的美感。常用的攀缘植物有常春藤、地锦、金银花、葡萄、丝瓜、茑萝等。

窗台种植池由于所处位置受限，一般种植池都不宜过大，所以种植池所使用的土壤要求肥沃，富含有机物质和保湿效果较好的泥炭土。同时要保证排水良好，保证土壤的透气效果。

5.8 风景林

最近几年，随着城市绿化日趋理性化，人们在注重绿化形式、效果的同时，更加注重绿化本身的生态效益。在城市绿地中，具有0.5 hm^2以上的面积就可以建生态林，它不同于其他类型的绿化，风景林具有调节气候、保持水土、改善局部环境、蕴藏物种资源等综合的生态效益，对调节城市及周边的生态平衡起重要的作用。最近几年园林设计者根据城市的环境条件，将风景林小型化引入城市绿地，变为城市绿化的一个主要形式，常称作“城市森林”，其环境效益、改善气候的作用是其他绿化形式无法相比的。

5.8.1 风景林的观赏特性

风景林的观赏具有两个方面：其一是林内观赏，其二是林外观赏。城市绿地中的风景林主要是从内部欣赏的景色，使人们产生完全融入其内的感觉。通过在树内配植不同叶色、不同质感的植物，可以组成这种丰富的林内景观。在浓浓的夏季，林下的绿荫也会使过往的行人感到林下绿荫的惬意。

5.8.2 城市绿地风景林的类型

风景林按树种组成分类，可分为以下几种类型。

5.8.2.1 针叶树风景林

①常绿针叶树风景林：树种组成以常绿针叶树为主，如红松林、樟子松林、黑松林、云杉林、沙松林、雪松林、马尾松林等。

②落叶针叶树风景林：主要由落叶针叶树组成，如东北的落叶松林、江南的金钱松林以及水杉、落羽杉的广泛分布，都会形成城市绿地的自然美景。

5.8.2.2 阔叶树风景林

①落叶阔叶树风景林由落叶阔叶树构成林地的主要树种，在我国主要分布于北方地区。这类风景林林相景观多，季相变化丰富，夏季绿荫蔽日，冬季则呈萧疏寒林景象。常见的落叶阔叶林有栎类林、枫香林、槭树林、榆树林、白桦林、银杏林、槐树林等，各具特色。

②常绿阔叶树风景林主要由常绿阔叶树组成，特点是四季常青，郁密而浓绿，花果期有丰富的色彩变化。这类风景林在我国多分布于南方，如竹类林、

楠木林、青冈栎林、花榈木林等。

5.8.2.3　花灌木风景林

不同季节的花灌木点缀林地，令人赏心悦目。如江南低山丘陵的映山红，每当春日盛花期，满山红遍，层林尽染；冬季金黄幽香的腊梅花开满山坳，景色迷人。此外，还有梅花山、桃花坞、油茶林、山茶坡、杏花岫，每至花期，一片烂漫景色，显示出山林风光的多姿多彩。

5.8.2.4　城市绿地风景林的景观设计

风景林的观赏价值和游憩价值主要取决于树种的组成及其在水平方向和垂直方向上的结构情况。由不同树种有机组成的和谐群体会呈现出多姿多彩的林相及季相变化。水平结构上的疏密变化会带来相应的光影变化和空间形态上的开合变化。竖向的结构变化则取决于树种和树龄的变化。同属一个龄阶的纯林只形成一层林冠，其林冠线呈水平走向，因此表现为林相单调，缺少变化；异龄混交林则呈现为复层的林冠结构，不同的林冠层是高低错落的，林冠线表现为起伏变化，因而层次丰富，耐人欣赏，这正是此类风景林的魅力所在。

在可以种植多种植物并因此而使生物区系丰富的一片沃野中，以不同树龄及不同种类的树木混合种植会形成一定规模的风景林。这种林地丰富多变，且易于同四周环境协调一致，但它们往往缺乏林分的显著特色，也不能取得大面积单一树种所带来的气势。因此在一定的区域内需营造单一树种或形态特征相似的几个树种组成的风景林，这类风景林能显示出树木特有的美丽风姿。

北京颐和园万寿山北坡、后湖两岸的人工群落都是以油松作为基调树种，四季常青，阔叶树种有槲栎、栓皮栎、白蜡、栾树、黄栌、五角枫、山杏、山桃、柳树，绿色草坪覆盖树间空隙。树种的选择和结构正好模拟华北暖温带自然群落结构，因此比较稳定。

5.9　树种规划的步骤及方法

5.9.1　调查研究当地适生树种资源

调查当地原有树种和引种驯化树种的种类，以及它们的生长习性，对当地环境条件的适应性、抗污染性和生长势情况，包括正常的环境和各种小地形（洼地、阴阳坡等），以便作进一步扩大树种应用的可行性方案的基础资料。

5.9.2　仔细研究，确定骨干树种

在广泛调查研究的基础上，有针对性地选择骨干树种，如城市干道的行道树种类的选择就非常关键，因为街道的环境条件恶劣，土壤、水分等条件差，

又有各种机械损伤、人为破坏、空气污染、地上地下管网交叉，所以行道树树种选择要求比其他绿地严格。从种植条件来看，适合作行道树的树种，对城市其他园林绿地也适应。除行道树外，其他针、阔乔木、灌木都要选择一批适应性强、观赏价值或经济价值高的树种，作为骨干树种来推广。骨干树种名录的确定需经过多方面的慎重研究才制定出来的。

5.9.3 确定主要的树种比例

以乔木为主，因为乔木是行道树及庭荫树的骨干，一般占70%。落叶树一般生长较快，抗污染及适应城市环境较强。常绿针叶树则能使城市一年四季都有良好的绿化效果及防护作用。但常绿针叶树生长较慢，投资也较大。因此一般城市中落叶树比重应大些。随着城市污染的日益加重，各地有逐步提高常绿树比例的趋势，可根据各地自然条件、经济和施工力量来核定树木品种比例。

5.10 城市绿地景观特点

5.10.1 城市公园

5.10.1.1 综合性公园

综合性公园是一个城市园林绿地系统的重要组成部分，它不仅为市民提供广阔的绿地空间和大片的种植绿地，也是人们交往、游憩、活动、娱乐的设施。综合性公园对城市面貌、环境保护、人们的文化教育、体育和游览都起着重要作用。

综合性公园按其服务范围和在城市中的地位可划分为两种。

（1）市级公园

服务范围是全市居民，公园的主要特点是绿地面积较大，色彩、层次丰富，容纳的内容多而且设施完善。一般用地面积按全市居民总人数的多少而不同，在中小城市设1处，最多2处；服务范围（服务半径2～3公里），乘交通工具10～20分钟即可到达，步行30～50分钟可达。

（2）区级公园

在城市中，其服务对象是一个分政区的居民，其用地属全市性公共绿地的一部分。区级公园的面积按该区居民的人数而定，功能区划不宜过多，以突出特色为主，园内应有丰富的绿化、健身、休闲区域及设施。一般大区设2～3处，小区设1～2处，步行15～25分钟可到达，服务半径1～1.5千米。

①综合性公园绿地景观特点：园林景观植物在综合性公园中占有重要位置，是构成公园景观的主导元素。综合性公园绿地中景观植物的应用，同样与

园林美学相一致。园林美主要包括单体美和群体美。单体美是指园林植物作为一种装点公园环境的活的景观元素，植物配置必须尽可能地发挥枝、叶、花、果、姿态、色彩等美学特征。单株景观植物无论从哪个方向欣赏都独成一景，向人们展示植物不同季相的美。

群体美是指不同的园林植物按高低、大小不同，依不同的生态习性而错落有致地配植在一起，突出强调植物群形成的美感。这种群体美不仅表现为一个季节的群体美，同时也表现出四季分明、不同的季相美。

随着人们生活水平的日益提高，市、区级公园的建设应向景观生态形绿地与健身休闲的文化娱乐场所发展。逐渐取代以游乐设施为主的发展方向。为人们提供绿色天然氧吧。景观植物选择上，满足不同功能的需要，精心配置植物材料，科学合理进行使用。

②综合性公园的功能分区：根据公园的任务和内容，游人在公园内有多种多样的活动，这些活动内容对用地的自然条件有不同的要求，而且按其功能使用情况，有的要求宁静的环境，有的要求热闹的气氛，而有的要求互相之间需要取得联系，因此要将活动内容分类分区布置，大致分为安静游览区、文化娱乐区、儿童活动区、老年健身区、园务管理区及服务区。

③安静游览区：以观赏、游览和休息为主，用地选择在原有树木最多、地形变化最复杂、景色最优美的地方，例如丘陵起伏的山地，河湖溪瀑等水体，大片花草森林的地区，以形成峰回路转、波光云影、鸟语花香等动人的景色。安静游览区可灵活布局，允许与其他区有所穿插，以绿地进行连接，若公园面积大，亦可分为数块，各块之间应有联系。

④文化娱乐区：为人们提供活动和各种娱乐项目的场所，是人流相对集中的场所，应包含如下内容：水上项目、展览室、画廊、动物植物园地、科普普及区、露天剧场、露天健身广场等。园内一些主要建筑物往往设在这里，因此，文化娱乐区常位于公园的中部，是公园布局的重点。

文化娱乐区的植物景观是绿地的重点表现形式之一，如何利用高大的乔木把区内各项娱乐措施分隔开，另外，在绿地中景观植物的应用，还要考虑其开放性的特点，在一些文化广场等公共场所，应多配植高大乔木和地被或低矮花灌木，保证视野的通透性，利于人流的相互流动。

⑤儿童活动区：儿童活动区一般选择地势较平坦、日照良好、自然景色明快的地方。天然植物材料给予儿童接触自然的机会，野外大自然中能力和创造力的培养是很重要的。所以儿童活动区的植物选择很重要，植物的种类应丰富，一些具有奇特叶、花、果之类的植物尤其适于该区绿地种植，以引起儿童对自然界的兴趣。但不宜采用带刺、有毒的植物。

儿童活动区应用紧密的林带或小树林、绿篱、树墙与其他区分开。活动区植物布置最好能体现出童话色彩，配置一些童话中的动物或人物雕像，利用色彩进行景观营造是国内外儿童活动区常用的方法，景观植物不同色彩的花、果、叶会产生新奇的对比效果，营造出不同的欢快气氛。

儿童活动区应采用树木种类较多的生长健壮、冠大荫浓的乔木来绿化，有刺、有毒、或有强烈刺激性、黏手的、有污染的植物要避免使用；在硬质景观周围配以形态优美、奇特、色彩鲜艳的灌木和花卉，以增加儿童的活动兴趣。同时注意植物用以调节风和太阳的影响及植物的教学功能，不同种类的植物对鸟类的吸引作用是很好的人与自然和谐共生的教材。

⑥老年健身区：老年健身区是将老人活动区和体育运动区结合到一起的一个以多种植物组成的落叶阔叶林。在道路转弯处，应配植色彩鲜明的树种，如槭树科、槐树科、枫树类等彩色叶树种，起到点缀、指示、引导的作用。

⑦公园管理区：此区是公园进行管理、办公、组织生产、生活服务的专用区域。一般多设在较隐蔽的角落，不对外人开放。设有专门入口，同城市交通有较为方便的联系。该区的植物配植多以规则式为主，其中建筑物在面向游览区的一面应多植高大的乔木，以遮蔽公园内游人的视线。

⑧公园绿地种植施工：公园种植的立地条件的好坏，是影响种植乔、灌木和花草成活的重要条件之一。在一般情况下，公园的立地条件往往是不太好，需要人为创造种植条件。种植前需要对种植地点进行整理。如果土层较薄则要施以客土，为植物的后期生长创造一个良好的生境条件。

公园绿化一般都需要进行灌溉。尤其是植树后第一次灌水一定要灌足、灌透。

公园的病虫害防治，最理想的办法是采用生物防治的办法。如果必须进行化学防治，应注意安全。

5.10.1.2　植物园

植物园是以植物科学研究为主，以引种驯化、培育新品种实验为中心，不断充实、发掘野生植物资源在园林、医药、林业等方面的综合应用。同时植物园还担负着向人们普及植物科学知识的任务。此外，植物园是为广大人民群众提供游览、休息的地方。配置的植物要丰富多彩，风景要像公园一样优美。

(1) 植物园主要分两大部分，即科研生产和游览、度假。主要包含如下内容：

①经济植物展示区。经过科研筛选认为有发展前途，经过栽培试验确属有用的经济植物方可栽入本区展览，为园林、林业结合生产提供参考资料，并加以推广、应用。

②乡土植物区。对本地乡土树种进行优中选优，对新品种进行快速推广，使这部分树种成为园林绿化的基调或骨干树种。

③水生植物区。植物有水生、湿生、沼泽生等不同特点，喜静水或动水的不同要求，在深浅不同的水体里或山石涧溪之中布置成独具一格的水景。

④特色景观园。该园是植物园中最能够代表地方特色的一个园区，它可以是景石园、特殊植物群落等，具有地域代表性。例如我国传统的假山园，主要以假山石造景为主，忽略了植物的配置，所以缺少生气。而西方岩石园比较注重植物的鲜艳色彩，如能中西结合，取西方岩石园之长，舍我国古典假山园之短，在优雅的山石旁边，适当配置一些色彩丰富的岩石植物，可使环境充满生气，效果会更生动。

⑤树木园。树木园是植物园占地面积较大的一个区域，对地势、气候条件、土壤酸碱度、土层厚度都要求丰富些，以适应各种类型植物的生态要求，因为树木园展示的是本区域和引进国内外一些与当地相似纬度能露地生长的主要树木品种。

⑥专类园。把一些具有一定特色、栽培历史长、品种性状优良、具有广泛用途和代表性，并具有很高观赏价值的植物加以收集，辟为专区集中栽植。如芍药园、牡丹园、月季园、荷花园、棕榈园等，任何一种都可形成专类园。

⑦温室展览区。大型的植物园都应设置温室展览区，该区的温室应高度智能化，以便适应需要，对光照、温度、湿度都能自动调节，满足使用功能要求，温室试验室展区体形庞大，外观雄伟，是植物园中的重要建筑，例如，沈阳植物园的玫瑰园，就布置在一个体积庞大的高智能的现代化的温室中，保证不同品种的玫瑰花生长茂盛。

⑧苗圃区。该区专供科学研究和结合生产用地，为了避免干扰，减少人为破坏，一般不对群众开放，仅供专业人员参观学习。主要含以下几部分：

温室区：主要用于引种驯化不能在露地越冬的植物以及其他科学实验。

苗圃区：植物园的苗圃包括实验区、繁殖区、移植区、原始苗木（母本）区等，该区要求地势平坦、土壤深厚、水源充足、排水方便，地点应与实验室、研究室、温室等相邻。用地要集中，还要有一些附属设施，如荫棚、种子和球根贮藏室、工具房等。

⑨职工生活区。植物园多数位于郊区，路途较远，为了方便职工上下班，植物园应修建职工生活区，包括宿舍、托儿所、锅炉房、车库、综合服务设施等，以满足职工日常生活所需。

（2）植物园用地面积的确定

根据地域和包含内容的不同，植物园的占地面积可大可小。我国现有的几个综合性植物园占地面积如下：

上海植物园68 hm^2，昆明植物园39 hm^2，杭州植物园246 hm^2，庐山植物园293 hm^2，沈阳植物园210 hm^2，黑龙江省植物园143 hm^2。从国内目前取得的实践经验中得出，一般综合性植物园的面积（不含水面）以55～155 hm^2比较适宜。但这决不是一成不变的，因此在做总体规划时，应全面考虑，统筹安排，既要有发展的空间，又不能盲目扩大面积，造成浪费。

（3）植物园位置的确定

交通方便：离市区不宜太远，游人要容易到达。但应远离工厂或水源有污染的区域，以免植物遭到污染造成死亡。

地势要有起伏：为满足植物对不同生态环境、生活因子的要求，植物园选址应选具有地势起伏的丘陵地带。

①充足的水源：最好选具有高低不同地下水位的地带，方便灌溉又能解决引种驯化栽培的一系列问题。

②土壤要求：要有不同的土壤条件，不同的土壤结构和不同的酸碱度。同时要求土层深厚，含腐殖质高，排水良好。

③天然植被丰富：园址最好具有丰富的天然植物，供建园时利用，这对加速实现植物园的建设是个有利条件。

④植物园的种植设计：植物园的种植设计除与一般公园种植设计相同外，要突出强调其科学性、系统性。由于植物的种类丰富，完全有条件满足按生态习性要求进行混植，为充分发挥园林构图技术提供了丰富的物质基础。

展览区是科普的展示区，因此所种的植物应方便游人观赏。

植物园除种植乔、灌木、花卉以外，其他所有裸露地面都应种植地被植物、草坪，一方面可供游人活动休息，另一方面也可作为补充设计的预留地，同时也丰富了园林自然景观。地被、草坪面积占总面积的多少，南、北方是有差异的，一般在20%～35%为宜。

5.10.1.3 动物园

动物园是集中饲养、展览和研究种类较多的野生动物或附有少数优良品种家禽、家畜的公共绿地。它是一个人为建造的适合动物生存的仿自然景观的场所，动物园与野生状态下的动物自然保护区是有严格区别的。

动物园的内容丰富，首先要满足广大群众的游览观赏的需要，同时要以灵活的方式普及动物科学知识和结合地域特点进行科学研究。这三项内容之间的比重，不同地域的动物园有不同的侧重面。一般全国性的动物园科普和科研任务比重大些。

（1）动物园根据用地规模和动物品种规模的不同，大致分四类

①全国性大型动物园，如北京动物园、上海动物园、广州动物园等，展出品种达600多种，用地面积60 hm^2 以上。

②综合性中型动物园，如哈尔滨、西安、成都等地动物园，规划展出品种400种左右，用地面积在15～60 hm^2。

③特色中型动物园，如南宁、杭州等省会城市动物园，展出品种以本省、本地区特产动物为主，品种宜在200种左右，用地面积宜在60 hm^2 以内。

④小型动物园，如南京玄武湖、菱洲动物园，上海扬浦公园等，附设在综合性公园内的动物展览区，展出品种在200种以下，用地面积在15 hm^2 以下。

（2）按动物展出方式分类

①人工动物园：位于大型城市近郊区或远郊区。动物展出的种类和数量相对较多，展出方式以人工兽馆和动物外运动场地相结合，营造天然环境。

②自然动物园：多位于自然环境优美、野生动物资源丰富的森林、风景区及自然保护区内。动物完全以自然状态生存，游人在有一定的保护设施的自然环境中参观。这类动物园面积较大，动物的生态环境条件较好，常见于美洲、非洲的一些国家公园。

（3）按养殖动物的种类分类

①综合性的动物园：养殖动物品种多，地域分布广，一般包括不同科属、不同生活习性的许多动物，需要人为地创造不同的环境去适应不同种类动物的要求，目前建成的动物园多属此类。

②专类动物园：专门收集某一种类的动物，或某一种习性相同的动物，供人们观赏游乐。这类动物展示的品种较少，但地方特色浓郁。如哈尔滨东北虎林园、泰国的鳄鱼公园、韩国的观鸟园等。另外，各地极地馆、海洋馆也属此类。

（4）动物园绿化

综合性动物园一般有动物展览区、科普科研区、服务办公区、生活区及园路系统组成，综合性的动物园又称人工动物园，绿化特点是模仿大自然绿化。绿化形式根据动物的生态习性如水生、沙漠、草原、疏林、山林等去布置。这种绿化方式一般将各种生态习性相似且又无捕食关系的种类放置在一起，并以群养为主，使不同种的动物生活在一起，减少种群的单调与动物的孤独感，利于动物的生长与自然繁衍。

动物园的绿化一般要求创造动物野生环境的植物景观，仿造动物生存的自然生态环境，包括植被、土壤、地形、气候等，从而保证让来自世界不同地区的动物能完全、舒适地生活。

（5）绿化、彩化的原则

①安全性原则：一方面要考虑某些动物有跳跃或攀缘的特点，配植树种时要注意避免帮助动物逃逸，造成不必要的伤害。另一方面在小动物展区如鸟类展区，不能因植物种植而增加其他动物对鸟类的威胁，使其自身得不到安全保障。

②生态相似性原则：依据动物在原产地的生态条件，通过地形改造与植物配植，创造出与原产地相似的生态环境条件。例如骆驼原产于热带沙漠，为营造相似的生态环境，在结合地势造出沙丘、绿洲、小溪等原产地的自然景观，为骆驼营造出良好的栖息环境。

③美观性原则：动物展览区主要目的是供游人参观欣赏之用，在植物景观设计时，美观性、原产地特色体现的是其主要原则之一，要注意植物在形、色、量之间的协调，要利于展示植物美丽的花朵，优美的地域色彩。

④实用性原则：植物的实用性含两方面的含义，一方面是指种植在动物活动范围之内的植物要对动物无毒害或其他副作用，要能为动物本身所喜欢，如熊猫区要种竹子；猴园中可选柔韧性较强的藤本植物以利于猴子的玩耍；喜光的动物展览区可种植大的地被植物或草坪，也可设计成疏林草地；另一方面是指植物配植的长期稳定性，所选植物的茎、叶应是动物不喜欢吃的树种，否则极易被动物啃光。但是在食草动物饲养区内可种植大面积动物可食的草本植物，如鸟园中种桑椹等，更好地为动物创造大自然的田园气息。

（6）动物园植物景观的绿地形式

动物园绿地形式很多，景观植物的配植要与动物的生活习性相适应，主要的表现手法如下：

①森林（丛林）式：主要适用于喜欢幽静的动物，浓密的树林为它们提供了理想的隐蔽之处。例如澳大利亚墨尔本动物园灵长类动物展示区内由乔、灌木组成的树林，就完全符合动物的习性。

②湖泊溪流式：此类形式适用于水生或两栖类动物展区，通常有一定面积的水面，为此类动物提供一个涉水的区域，湖面护坡用自然式草坪或地被铺装，岸边植低矮的灌丛为动物提供休憩的场合。

③沼泽式：适用于鳄鱼等沼生动物展区，通常以沼生植物为主，可用石块把深水区与浅水区分开，深水处以蒲棒、芦苇等喜水植物为主，浅水处种植慈姑，菖蒲等多种茎干较低矮的水生植物作点缀，也可以完全模仿大自然滩涂地景观，种植野生植物营造大自然荒凉的自然景观。

④开敞疏林式：适用于性情温顺的食草动物展区。这类动物一般易于人类接近，故其展区的植物配植可增大空间的通透性，便于人们观察动物的各种活动，更好地了解动物。如长颈鹿展区内主要以草本植物为主，再配植少量分枝

点较高的乔木为其遮荫，一般不用灌木，以免影响游人观赏视线。

5.10.2　街头绿地

街头绿地凡指在城市街道中间或街道两侧供行人和居民短时间休息、早晚锻炼、游玩的绿地。多设在商业区、交通枢纽等行人集中活动的地方。街头绿地布置形式灵活、没有统一模式，可以是沿街建筑前的绿地，也可是街侧绿地的一段。

街头绿地作为城市区域内公共绿地中最有使用价值的绿地之一，根据不同的绿地形式，种植也体现不同的风格，如改变植物的栽植位置，或仅仅是对地面做一些细微的处理，都会让人耳目一新。具体配置时还要具体情况具体分析。

5.10.2.1　街头封闭式绿地

此种形式常见于交通枢纽的环岛上，由于绿地封闭，没有行人践踏，因而植物受外界危害较少，植物能够得到较好的保持。如果该处是交通要道，绿地又和道路连接，可铺设平坦的草坪，再点缀一些树，既可以使景观变得柔和，也不会妨碍司机和行人的视线。如果不考虑交通因素，只是为美化、观赏，则绿地不妨布置得更精彩些，花境、花坛、树丛等可根据地形、环境精心布置。使之成为真正的街头一景。

5.10.2.2　开敞式绿地

开敞式绿地在城市街头绿地中占相当大的比重，通常和游人接触较多，人为破坏也相对较严重。因而在植物材料选择上应选择一些适应性较强的植物材料。在布置形式上，要考虑行人通常的出行路线，要在行人常走的路线上以硬质材料进行铺装，不能进行植物种植，否则难以存活。对于一些近地面的、人行道边上的开放性绿地，选择植物材料时要格外注意，既要美观，又要有一定的适应性。

5.10.2.3　装饰性绿地

所有景观植物和装饰性绿地通常表现为小巧，木质、陶瓷、塑料等材质的容器，在布置形式上可灵活多样，只要能方便快捷地建立起装饰性小绿地，起到点缀、美化环境的效果即可。

5.10.2.4　与广场、标志性建筑结合的绿地

这种形式的绿地往往处于某种特殊的环境之中，因而在进行植物配植时，要和总体环境相协调，烘托主题。这种协调可以是形式上的、色彩上的，也可以是文化上的，因情况而异。

5.10.3　城市广场绿化

根据使用功能可将广场分为集会性广场、纪念广场、商业广场、交通广

场、文化娱乐休闲广场；根据广场的大小可分为：大型中心广场、小型休息广场；根据广场的材料组成可将广场分为以硬质材料为主的广场、以绿化材料为主的广场、以水质材料为主的广场。

5.10.3.1　改善城市生态质量

广场绿化可以调节温度、湿度，吸收烟尘、尾气、降低噪音、减少太阳辐射等。

5.10.3.2　美化广场，协助广场功能的实现

根据广场的性质及使用功能，选择适宜的植物材料，经过巧妙的设计，丰富广场绿地的景观。

5.10.3.3　城市广场绿化要点

不同类型的广场由于其使用特点、功能要求、环境因子各不相同，因而在进行绿化时侧重点也有所区别。

（1）集会型广场

该类型广场具有一定的政治意义，绿化要求严肃，多采用规则式的布局方式。例如我国的天安门广场。

（2）纪念性广场

纪念性广场是为了突出表现某一纪念性建筑而设计的广场，因而植物选择应当以烘托纪念性的氛围为主。植物种类不宜过于繁杂，应突出1~2种植物，重复出现，达到强化目标。布置形式常采用规则式，使整个广场有章可循，树种以常绿类为主。

（3）交通广场

交通广场主要功能是组织交通，其次是装饰城市街景。在种植设计上，必须以交通安全为主，即有效地疏导车辆和行人。面积较小的广场可采用草坪、花坛为主的封闭式布置，面积较大的广场可用树丛、灌木和绿篱组成不同形式的景观空间，但在车辆转弯处，不宜用过高、过密的树丛和过于艳丽的花卉，以免分散驾驶员的注意力。

（4）休闲广场

这类广场是为居民提供一个娱乐休闲的场所，绿化可根据广场自身特点进行植物配置，使广场在植物景观上具有可识别性。选择植物材料时，可在满足植物生态要求的前提下，根据景观需要去进行植物配置。若想创造一个热闹的氛围，则不妨以开花植物组成以花为主的景观；若想闹中取静，则可以在某一角落设立花架，种植枝繁叶茂的藤本植物。总之，休闲广场的植物配置是比较灵活自由的，最能够发挥植物材料的美妙之处。

（5）小型休息广场

这类广场面积较小，地形简单，无需太多的植物材料进行配置。从植物种类到布置形式都要采取少而精的原则。

（6）铺装广场

该广场主要表现各种硬质铺装材料的图形、色彩、质地等。由于硬质铺装面积大、地表温度很高，因而在选择植物材料时，要选择那些有一定耐热性、耐高温，又能适应较大昼夜温差的树种，合理布置，为铺装广场增添一些绿色生气。

（7）水体广场

水体广场在城市广场中所占的比例小，植物配置宜选用耐水喜湿的种类，不宜密植水生植物，要让水中的美景充分显露出来。

（8）停车场

停车场是城市一类特殊的广场，随着城市车辆的日益增多，停车场也越来越多，对城市的景观有很大影响。现代化的停车场不仅仅只是为了满足停车的需要，还要对其进行绿化、彩化，让它成为城市一道美丽的景观。常采用的绿化方法是种植庭荫树、铺设嵌草铺装。使使用功能和生态功能结合起来。

5.10.4 城市中步行街的绿化

城市中的步行街也是一类特殊的街道，它不受汽车与其他交通工具的干扰，行人可以随意的活动。在这里，街道不再仅仅是为了通行，也是可以驻足停留、休闲观赏的。此类街道常常与两侧的建筑风格相互辉映，构成一幅城市的风光图。比如在哈尔滨市道里区的中央大街上，一条上世纪花岗岩铺就的石头道与街道两侧欧式建筑，构成了一幅欧陆风情的美丽画卷，别有一番情调。

5.10.4.1 城市步行街的特点

①人的行走、观赏随意性强，不受任何干扰、约束，可以自由地去驻足停留。

②步行街上人们以步代车，人流行走的速度比较慢，人们只是为了散心，放松自己。因而人们在步行街上逗留的时间比较长，例如咖啡店、公厕、垃圾筒等一些服务设施相对比较齐全，为人们出行提供方便。

③绿化景观丰富。步行街绿化以乔木、吊篮等为主，以雕塑、喷泉等园林小品来装饰街道，形成美丽的街景，行人仿佛置身于世外桃源，没有汽车的喧闹，只看到行人如织，悠闲自如，在步行街上享受着闲暇的宽松与愉悦。

5.10.4.2 城市步行街分类

城市步行街主要分布在商业中心和风景相对集中的区域。主要有两大类：商业步行街和游览步行街。

（1）商业步行街的绿化特点

商业步行街位于商业中心，寸土寸金，因而对土地的利用要以节约、高效为原则。在植物配置上，要将美观和实用相结合，尽量创造多功能的植物景观，例如可在花坛的池边为行人提供坐椅；也可在坐椅的旁边种植花草，如在凳子间留下种植槽，种上小型的藤蔓植物，为休息的人们增香添色。在商业步行街上要充分利用空间进行绿化、美化。可以做成花架、花廊、花柱、花球等各种形式，利用简单的棚架种植藤本植物，在树池中栽种色彩鲜艳的花卉，形成从地面到空间的主体装饰效果。这在土地日益紧缺的今天具有重要的现实意义。

（2）游览步行街的绿化特点

游览步行街主要是为居民提供一个自然幽静的空间，它远离闹市的喧嚣，能使行人无拘无束地遐思、谈心、静想。它对土地的限制不是很严格，因而可以选择多种植物材料进行配置，充分利用不同的乔、灌、草、花等，为人们营造一个绿树成荫、鸟语花香的环境。这种植物配置要和街道及自然景观综合起来考虑，组成一个美的整体。

5.10.5 居住区绿化

居住区绿化是城市园林绿地系统中的重要组成部分，是改善城市生态环境的重要环节。城市居住区绿化面广量大，在城市绿地中分布最广，最接近居民并为居民所经常使用。

5.10.5.1 居住区绿地的组成

居住区绿地根据使用情况可分为：公共绿地、专用绿地、道路绿地、宅旁绿地。

①公共绿地：指居住区内公共使用的绿地。这类绿地常与老人、青少年及儿童活动场地相结合布置。公共绿地根据居住区规划结构的形式分为居住区公园、居住小区中的游园、居住生活单元组团绿地。

②专用绿地：指居住区内各类公共建筑和公用设施周围的绿地。如社区医院、学校、幼儿园等用地的绿化。其绿化布置要满足公共建筑和公用设施的功能要求，并考虑同周围环境的关系。

③道路绿地：指居住区内道路两侧或单侧的绿化，根据道路的分级、地形及交道等的不同情况进行布置。

④宅旁绿地：指住宅四周或住宅院内的绿地，是最接近居民的绿地，以满足居民日常的休息、欣赏，家庭活动和杂务等需要为主。

5.10.5.2 居住区绿化的植物配置和树种选择

居住区绿化中，为了更好地创造出舒适、优美的生活、休息、游乐环境，要注意树种选择和植物配置。应从以下几个方面考虑：

①绿化功能的需要，不能把所谓的美化置于绿化功能之上。

②四季景观的需要，采用常绿树与落叶树，乔木和灌木，速生和慢长，不同树形和色彩的树种配植。

③植物多样性的需要，如丛植、群植、孤植、对植等，打破了以往成行、成列单调的种植模式。

④力求以植物材料形成绿化特色，使统一中有变化。

⑤选择生长健壮的树种，可大量种植宿根、球根花卉及自播繁衍能力强的花卉，既节省人力、物力、财力，又可获得良好的观赏效果，如芍药、玉簪、美人蕉、蜀葵等。

⑥强化攀缘植物的绿化效果，以绿化建筑墙面、各种围栏、矮墙，提高居住区立体绿化效果，使其具备多方位的观赏性，如地锦、常春藤、紫藤、南蛇藤、葡萄、木通等。

5.10.6 别墅绿地

随着社会进步、居住条件的改善，别墅这种形式的住宅越来越多，与其他类型住宅相比，最大的优点就是接近自然。因此，环境绿化的好坏是别墅优劣的重要标志之一。

别墅绿化多以私人花园的形式存在。但花园并不是为房屋而设计的借景。相反，房屋是庭园的借景，花园是生活空间的扩展。另外还可借花、草、树木的生长变化，体会四季的更迭，这是其他住宅形式所体会不到的清爽明朗。

5.10.6.1 别墅绿化的形式

别墅绿化体现房屋主人的品味，进行植物配置时，可采取以下几种形式：

①规则式：特点是对称和平衡。修剪整齐的树篱和灌木非常适合这种形式的花园。这类花园要求主人有足够的时间、兴趣和耐心，定期进行细致的养护，使环境更精美和细致。

②自然式：花园里不规则地栽植小片树丛、草坪或花坛，使生硬的道路、建筑轮廓变得柔和，景观表现上体现灵活性和随意性。可以利用地平高差的变化，布置错落有致的花池，即使是简单地种上一株花灌木或几丛草花，也能使园子变得富有生命力。也可以在石片铺就的台子上随意种植一些岩生植物，减少人工种植的痕迹。

5.10.6.2 别墅绿化的植物配置

植物赋予庭园以生命的色彩是构成庭园的一个重要元素。将植物与空间和时间的关系应用到别墅绿化中去，可构成四季演变的季相时序景异和步移景观的空间变化。

对别墅进行绿化要进行现场踏察，然后再根据植物本身的特性结合建筑物的风格和花园主人的兴趣与爱好，选择适宜的植物材料。在绿化时要尽量做到：

①满足室外活动的需要，将室内、室外统一起来安排，创造合理的空间。

②方便、实用、亲切、自由，利于家庭成员间的沟通交流，增加亲情。

③增加别墅之间的私密性。通过植物材料来透景和框景，园外的人看不到园内的美妙景色，但园内的人却可将园外的景色尽收眼底。同时，每个别墅的植物设计形式不应雷同，为的是增加可识别性。统一风格中有个性特点，同时又不显杂乱。

④体现主人的风格，使花园具有个性，随着植物的生长，便能形成一个风景怡人的杂木庭园，百看不厌。还应在植物布置的中间留出较宽敞的铺装或草坪，供家人闲暇时运动锻炼。

5.10.6.3　别墅区的绿化设计要点

①色彩的设计：色彩是首先被人看到的——第一印象，它直接影响人们对花园的总体评判，因而在进行植物配置时，首先要从植物的色彩进行考虑，包括花色、叶色、果色、枝色等。色彩设计总的原则是要和谐。常用的色彩配色方法有：

相似色系：例如红、橙、黄等暖色调组成的景观给人温暖、热情的感觉，而由蓝、紫、白等冷色调组成的园子则使人感到清爽、恬静。

不同色系之互补色：互补色给园子增添活泼气氛，但应用不宜多，否则，会让人感觉不适，因而互补色宜在小范围内使用，如花园的一个角、一小簇花丛、不经意的一个花境，会增加园子的亮丽景致。

单色的应用：如绿色，可有浓绿、黄绿、草绿、翠绿等，将单色进行不同的布置、组合，可构成丰富的植物景观。植物除枝、叶的色彩外，还有叶色、果色、花色，不一定拘泥于某种固定方法，只要搭配协调，让人觉得美即达到了目的。

②植物质感的应用：不同植物材料具有不同的质感。采用高对比度的材料将精致与粗犷和谐统一起来，将柔软的植物和粗糙的建筑物墙面放在一起，给人截然不同的感觉。

③植物香味的应用：窗外、门口、庭园桌旁种上一些具有香味的植物，如茉莉、玫瑰、丁香、暴马丁香、栀子等，丝丝幽香，沁人心脾。

④光照的作用：为了避免夏季炎热的气候，可种植高大乔木，创造绿树浓荫的舒适环境，也可以欣赏植物在不同光线下的色泽变化。

⑤形态的作用：多考虑植物的立体形状以求得空间上的变化，它们可能是球形、柱形、伞形、波浪形等，各具情态，巧妙地运用植物的这些形态特点，

创造出丰富的立体景观。

⑥动感的应用：植物在风中摇曳的姿态会招引觅食的小鸟和蜜蜂，喜爱昆虫的园主，可以在花园内辟一块土地，种一些诱鸟的植物，如火棘、金银木、无花果等，招引鸟儿筑巢安家，为庭园增添情趣。

5.10.7　机关单位、厂矿的绿化

机关单位、厂矿庭院的绿化是一类很重要的社会绿化组成部分，与我们的日常生活息息相关。它们的绿化水平从某种意义上说会影响人们生理或心理上的感受，进而影响其实际功能的发挥，因而可以说，搞好机关单位绿化，对整个社会都大有益处。

5.10.7.1　厂矿绿化

厂矿绿化是指在生产性厂区内及周边地区进行绿化，主要目的在于创造卫生、整洁、美观的环境。工厂绿化除了可改善小气候外，应着力减轻厂内外环境的污染，发挥减轻火灾、爆炸危害的功能。厂矿绿化是生物防治“三废”污染的主要途径。

（1）厂矿绿化的作用

美化环境——厂矿绿化对厂内的建筑、道路、管线等有一定的美化及遮掩作用。植物丰富的色彩及季相变化为工厂增添生机，对外树立良好的企业形象，也是企业经济实力的象征；对内可以陶冶职工情操，使职工爱厂如家。

改善工作环境——绿色植物能够调节人的紧张情绪，使人身心愉快，对于提高工作效率有积极的作用。

改善生态环境——厂矿绿化对环境保护的作用是多方面的，主要包括：吸收 CO_2，释放 O_2；吸收有害气体和烟尘、粉尘、杀菌、降低噪音、防火、防爆、隔离、隐蔽等。有些对某种有害物质敏感的植物可起到监测环境的作用。

（2）厂矿绿化的要求

满足生产的要求——在设计时要考虑绿地的主要作用，不能因为绿化而影响生产的进行。因而厂矿绿化要以满足生产要求，改善生态环境为首要目的，兼顾美化环境进行植物配置。

满足树种生态习性的要求——根据绿地的功能，栽植地点的环境条件、树木的生态习性综合考虑，选择合适的绿化树种。

满足厂矿绿化量的要求——充分利用可绿化的地段，见缝插绿，增加绿地面积，提高绿地率。

合理布局、突出特点的要求——不同性质的工厂，根据用地条件等建立工厂的绿化风格。充分发挥植物的美化、绿化作用。

5.10.7.2　厂矿绿化植物选择及常用植物

（1）选择植物的基本原则

适地适树——即选择适应当地气候及土壤条件的植物。

抗污染的植物——根据不同工厂的污染情况选择不同的抗性植物，突出植物的功能性。

满足生产工艺流程对植物的需要——如精密仪器厂要求车间周围空气洁净，灰尘少，要选择滞尘能力强的树种，如榆、构树，不能栽植飞絮的杨、柳、悬铃木等有飘毛飞絮的植物。对严谨烟、火的厂区，应选择油脂少、枝叶水分多、燃烧时不会产生火焰的防火树种，如珊瑚树、蚊母等。

（2）常用植物材料

抗 SO_2 植物：海桐、山茶、小叶女贞、枸杞、构树、合欢、刺槐、槐树等。

抗氯气 Cl_2 植物：侧柏、杨树、小叶女贞、合欢、蚊母、大叶黄杨、桑树、杜仲等。

抗氟化氢（HF）植物：海桐、杨树、桑树、石榴、朴树、白榆、夹竹桃等。

抗乙烯（CH_2CH_2）植物：夹竹桃、悬铃木、凤尾兰、棕榈等。

抗氨气（NH_3）植物：女贞、朴树、石榴、紫荆、樟树、腊梅、皂荚、木槿、紫薇等。

抗臭氧（O_3）植物：悬铃木、枫杨、刺槐、樟树、银杏、连翘、冬青、青冈栎等。

抗尘植物：樟树、女贞、冬青、珊瑚树、夹竹桃、榆树、泡桐等。

对有害气体较敏感的植物，可用来监测工厂有毒气体的排放情况。

监测二氧化硫（SO_2）敏感的植物——苹果、郁李、雪松、樱花、贴梗海棠等。

监测氯气（Cl_2）敏感的植物——枫杨、薄壳山核桃、紫椴、樟子松等。

监测氟化氢（HF）敏感的植物——葡萄、山桃、榆叶梅、樟树、杏等。

监测乙烯（CH_2CH_2）敏感的植物——月季、大叶黄杨、刺槐、臭椿、合欢等。

监测氨气敏感的植物——小叶女贞、悬铃木、薄壳山核桃、杜仲、刺槐等。

5.10.7.3　公众服务性设施建筑庭园内的绿化

公众服务性设施系指医院、图书馆、宾馆等为公众使用的建筑周围的庭园。如纪念性的建筑，其庭园庄严肃穆；宗教性质的庭园严整、神秘；宾馆内的庭园，比较自由、活泼。

总之，庭园绿化要满足各类庭园性质和功能的要求，庭园植物造景要与庭园绿地总体布局相一致，与环境相协调，又要有一定的独到之处。

5.10.8 风景林

风景林概念——风景林是由不同类型的森林植物群落组成，是森林资源的一个特殊类型，一般保护较好，不能随意采伐，主要以发挥森林游憩、欣赏和疗养为经营目的。

5.10.8.1 风景林的作用

风景林具有调节气候、保持水土、改善环境、蕴藏物种资源等综合的生态效益，对恢复大自然的生态平衡起着重要作用。

我国地域辽阔，地形复杂，南北气候差异大，所以从北到南的风景名胜区都有独特的风景林。如东北大、小兴安岭有一望无际的红松林；长白山自然保护区有大片的樟子松林、落叶松林和桦树林；安徽黄山有黄山松林；海南岛有槟榔、椰子林等。

5.10.8.2 风景林的类型

风景林按树种组成分类，大致有如下几类。

（1）常绿针叶树风景林

风景林树种组成以常绿针叶树为主，如安徽的黄山松林在海拔 700 ~ 2 000m处，形成大面积纯林、蔚为壮观。黄山十大名松如迎客松、送客松、卧龙松、探海松、团结松、姐妹松、麒麟松、黑虎松等，均为黄山松。其他如天目山柳杉林、秦岭华山松林等，都属于典型的常绿针叶风景林。

（2）落叶针叶树风景林

风景林树种主要由落叶针叶树组成，如东北的落叶松林，江南的金钱松林以及水杉、池杉、落羽杉林的广泛分布，形成了山岳、平山的自然美景。

（3）落叶阔叶树风景林

由落叶阔叶树构成林地的主要树种，在我国主要分布于东北地区。这种风景林林相景观较丰富，季相色彩丰富，夏季绿荫蔽日，冬季则呈疏寒林景象。常见的落叶阔叶林有栎类林（如麻栎、栓皮栎、蒙古栎等）、枫香林、槭树林、榆树林、白桦林、银杏林、槐树林等，各具特色。

（4）常绿阔叶树风景林

主要由常绿阔叶树组成，四季常青、郁密而浓绿。花、果期有丰富的色彩变化。这类风景林在我国南方分布较广。

（5）竹类风景林

竹林具有独特景观，色调一致，林相整齐，具有独特的韵味。竹类风景林在我国多以丛生竹为主，长江流域及其江北地区多为散生竹。

(6) 花灌木风景林

在山林植被景观中，不同季节的花灌木点缀林地，令人赏心悦目。

5.10.8.3　风景林的观赏特性

风景林有两个方面的观赏效果：一是林区内部；二是林区外部。除了处于深山峡谷的风景林外，一般风景林是可以从内部欣赏它的景色，并使人们产生完全融入其内之感。通过在林内配植不同叶色，不同质感的植物，可以组成这种丰富的林内景观。

由于风景林在园林中是一个体现立体感的实体，因此它的种植形式必须与该地的地貌和周围环境总的风景格调相协调。它们的色彩、结构和外形都决定其景观外貌。

以我国北方风景林为例，可以让我们更好地体会风景林的观赏效果。北方山区多样的植被类型，丰富的植物种质资源，一年四季造就了美不胜收的季相。春季繁花似锦，迎春、山桃、山杏、绣线菊等漫山遍野；夏季万木争荣，绿荫如盖，蒙古栎、水曲柳、花楸、栓皮栎等形成曲线柔美的群落外貌；远处眺望如绿海碧波，进入林内，枝叶交接。林下的山楂、山荆子、山梅花、丁香等相继开放，星星点点抖落在茫茫绿海之中，宛如绿海浪花；秋季万山红遍，层林尽染，美丽的“五花山”美景尽收眼底，槭树、樟子松、落叶松、黄菠萝等裹入团团深红，块块金黄的林海之中。远眺风景林五彩缤纷；冬天万花虽已凋零，但碧翠的松柏依然挺立，与白雪相映成趣，是风景林又一独特之处。

5.10.8.4　风景林的景观营造

风景林的观赏价值和游憩价值主要取决于树种的组成及其在水平方向和垂直方向上的结构情况。由不同树种组成的和谐群体会呈现出多姿多彩的林相及季相变化。水平结构上的疏密变化会带来相应的光影变化和空间形态上的开合变化。竖向的结构变化取决于树种和树龄的变化。林冠线表现为起伏变化，因而风景林层次丰富，耐人欣赏，这正是此类风景林的魅力所在。

风景林也是由一定的群落所组成，但它同城市园林中的群落是有区别的，城市园林中的人工群落一般管理细致，不易被其他外来树种侵入，而风景林中的群落面积较大，与大自然紧密相连，极易发生群落的演替。风景林边沿处的种植宜适当稀疏，以便本地树种生长成林，并使其自然过渡与四周的园林风景融为一体。风景林在需要采伐时，必须考虑到沿开阔边缘区的林地，林间小道两旁的林地，陡峭的山谷和岩石裸露的山脊上的林地不能采伐，使之形成一个永久性的覆盖体系。这种在生态上丰富的网络，无论作为自然保护区，还是优美的风景园林区，均有十分重要的实用意义。

6　景观植物材料的种植实用技术

景观植物材料的种植是实现优秀园林设计效果的关键环节，每种植物都有着不同于其他种类的生长习性和生物学特征，所以就有了不同方式的种植技术。正确的种植技术是景观植物材料种植成活率的保证，具有调整人类生活和自然环境的功能，是园林工程中的主体部分。

有关植物材料的不同栽植季节，植物的不同特性，植物与土质的相互关系，以及防止树木植株枯死的相应技术措施等，都需要认真研究，采用正确的实用种植技术保证成活率。

6.1　大树移植

随着各地城市的进步，人们对城市景观绿地建设的质量要求越来越高。城市绿地不仅要体现以绿为主、以人为本、模仿自然的设计理念，同时要求建成的绿地有相当数量的高大乔木作为绿地的骨架，再进行复式配置，从而达到短期内体现绿地的景观效果，更大发挥城市绿地的生态效益。针对大树对城市绿地景观的特有功能，许多城市不同程度的提出并实施“大树引入城市”工程，对短期内提高城市绿地生态效益、优化城市绿地结构、改善城市绿地景观起到了积极作用。

大树进城效果显著，是一条快速实现理想绿化效果的捷径。但这是在特殊历史条件下所采用的特殊措施。大树移植可以采用，但不易提倡。

6.1.1　大树移植的概念

通常称的“大树”一般指“乔木”而言，乔木一般树体高大，分枝点距离地面较高形成树冠，如松、杨、柳、榆等。李嘉乐主编的《园林绿化小百科》中“乔木”释为“树体高大而且具有明显主干的树种。”按其树体高大程度分类为伟乔（特大乔木，树高超过 30 m）、大乔（树高 20 ~ 30 m），中乔（树高 10 ~ 20 m），小乔（树高 6 ~ 10 m）。

大树移植是为了满足某种特殊的绿化需要，对已定植多年的大树进行再移植。通常是指移植胸径在 10 cm 以上，高度在 4 m 以上，已经基本成形，并完成了发育阶段的乔木。通过大树移植，可在较短的时间内优化城市绿地的景观植物配植和空间结构，及时满足重点或大型市政工程的绿化要求。

在城市园林改建过程中，同样有一些大树需要移植。这里所指“大树”不一定专指乔木，也包括定植多年的大灌木、藤本等。“大树移植”有严格的技术操作规程，首先要有计划地提前进行包括树源、树种、树形、立地条件等在内的选择和调查；其次采用正确的方法先期（提前1~2年）分次采取断根措施；再次常绿树、甚至落叶树最好也应带土球栽植等。但目前大部分的"大树移植"不规范，不但使大树的观赏价值得不到表现，而且死亡率很高。

从工程角度比较，进行"大树移植"费工、费时，装运十分不便，不得不借助机械，常使树木出现机械损伤，栽种困难、成活率低。而苗圃生产的规范苗木，由于苗木体积较小，重量轻，起苗装运便捷，起苗至种植前根系裸露时间短，种植成活率高。从树木适应性看，一般来说，在原地生长多年的大树对易地生态环境的突然改变适应能力较差，加上移植过程中失去大部分根系，即使成活也要经过长时间的缓苗。成活后树势减弱，生态效益减弱。而苗圃苗木，因其树龄较幼而适应性强，起苗后的根、冠比例失衡不大，缓苗快，短期内能恢复长势，生态效益明显。再从经济角度看，苗圃苗木比"大树移植"所费人力、物力和财力要小，这无疑大幅度降低了成本。从审美角度看，"大树移植"尤其是不规范的"大树移植"，由于树冠、树形受到破坏，观赏价值也大大降低。

目前针对生态环境恶化，提倡城市"种大树"，实质是指城市要多种高大的乔木，而非提倡"大树移植"，只是必要时，迫不得已时才能采用。应通过加强苗圃培育，特别是通过建设大苗苗圃，种植"大树苗"，才能从根本上解决。

6.1.2 大树移植应重视的几个问题

6.1.2.1 树木规格的选择

大树是指大规格苗木，不能误认为大树龄，更不能将古树搬家。目前有些地方在绿化中出现了一些误区，认为大树越大越好，甚至一味追求树龄，不惜重金从深山老林向城市移植古树。经实践证明，规格太大的树，移植成本高，成活率极低；加之挖运时受过伤，即使成活了也生长缓慢，反而欲速则不达。而栽植太大的树时，为确保树木的成活，移植时需强修剪，也会极大地损害其原有的良好形态，且大大减少了绿量，生态效益下降。有些古树由于生长年代久远，已依赖于某一特定生境，一旦改变环境就可能导致死亡。例如北方某市移植的大树，当年成活较好，但由于生长环境的改变，已陆续出现死亡现象。将古树从一处搬到另一处，实质上是掠夺古树原生长地的绿色人文资源，若移植失败，不仅资源遭到浪费，也使原生长地的生态环境被破坏。因此，移植古树，违背自然规律。

植物的生物学特性和移植实践证明：胸径在8~15 cm的大规格壮龄苗，多数树种此时正处于树木生长发育的旺盛时期，因其树龄适应性和再生能力都强，移栽过程中恢复生长时间短、成活率高、产生效益快、易成景观。在特定条件下，需要移栽胸径 20 cm 以上特大规格的大树，应预先经过技术措施处理，加上采取特殊的技术手段，才能保证成活率达标。

6.1.2.2　选择树木的原则

坚持以生态平衡为指导思想，以生物多样性为基础，地带性植物为特征，因地制宜，适地适树。因此，在进行大树移植时，要根据气候条件、土壤类型选择树种，让其在适宜的环境中发挥最大优势。树种选择要多样化，以形成既具有地方特色，又有季节变化，丰富多彩的园林景观。

6.1.2.3　合理配置

为符合城市生态环境和城市景观的要求，应以常绿树种为主、落叶树种为辅，二者数量之比约为3∶2；并以乡土树种为主，适当配植珍稀树种，达到种类丰富，体现生物多样性。既满足当前，又考虑长远，达到城市绿化生态环境的快速形成和长效性，应使速生树种与慢生树种有机结合，取长补短。速生树种见效快，但寿命比较短，易衰老；慢生树种一般寿命较长，可适当增加长寿树种。

大树移植是一种应急措施，起到的是锦上添花的作用，而城市绿地生态效益最大限度的发挥则取决于大量种植的中、小规格的乔木，以及乔、灌、花、草合理配置的人工复合群落，因此移植大树应与中、小乔木及乔、灌、草有机结合，形成符合城市要求的绿地景观系统。

6.1.2.4　移植大树要严格控制

大树的移植，对技术、人力、物力要求很高，费用很大，移植一株大树的费用比种一株同类的小规格的树费用要高几倍，甚至几十倍，养护难度更大，所以在移植大树时，要对移植地点和种植方案进行严格的科学论证；移什么树、移植多少，必须按规划设计进行。大树的移植对于大、中城市重点园林绿化建设是必要的，但对一般非重要地点的园林绿化工程来说，还是大量种植中、小规格的乔木比较合理。

6.1.2.5　科学施工管理

科技是第一生产力，这一原则应贯穿于城市绿化工作的始终。“大树移植”是一项季节性强、难度大、科技含量高的系统工程，必须坚持科技兴绿的原则，加大新、优树种的研究和推广应用力度，不断丰富城市的树木种类，推广应用国内外大树移植的最新技术、方法和手段，提高大树移植的成活率。“大树移栽进城”将改变城市绿地系统的植物组成和空间结构，提高系统的叶面积指数，增加城市的绿量，提高城市绿地系统的生态效益和景观效益，改善城市生态环境。

为保证“大树移植”的成功，对大树应采取减少水分蒸发、促进生根和恢复生长的有效技术措施，以减少苗木资源的浪费。

①前期准备。掌握树种的生物学特性和生态习性；原生长地的生态环境、种植地的土壤状况及周边环境因子等资料的调查；种植设计方案；欲移植树的预先技术处理；外围挖沟（视树干直径大小确定沟围直径）、切根、疏枝等；对树坑的土壤进行改良，换上与原生境理化性状相似、经科学配置的介质土，并施基肥。

②栽植阶段。对大树根部施用生长激素，促进根系的再萌发，有利于大树根系的生长和大树生长势的恢复；对修剪后的大伤口消毒，涂保护剂，防止伤口腐烂，促进愈合。栽植时视树冠形态和种植后的造景要求确定方位，栽植深浅应根据树种特性和地下水位；填土要分层回填、填实。

③栽后管理。对地上部分喷施抗蒸腾剂、树干裹绳等，减少水分蒸发，并适时对大树喷雾、滴灌、保湿和设遮阳网，维持树体水分平衡。埋设土壤通气管或控制水沟，有利于渗水透气；树基土兜覆盖稻草、薄膜，保温保湿；搭支撑架、拉绳固定，以免大风刮倒。一般大约三年后才能确保其移植成功。

6.2 大树引进城市景观绿地的树种选择

树种选择是“大树移植”成败的关键环节。树种选择总的原则是：适地适树，常绿树种与落叶树种比例合理，速生树种与慢生树种相结合，以乡土树种为主，最终实现以乔木为主体，乔、灌、草合理配植，比例适合的复层绿化，能最大限度发挥生态效益和景观效益的城市绿地生态系统。

6.2.1 必须符合当地的地带性植被特征

环境因素对植物的生存、进化起着选择作用，因此各种植物都有自己的适生分布区域，不同的城市所处地理位置不同，其气候条件、土壤条件等自然条件差异较大，因而植被特征出现了较大差异。因此，在进行大树移植时，特别是从外省市引进新的树种时，必须在现有树种的基础上，遵循与当地的地带性植被特征相符合的原则进行树种的选择。

6.2.2 必须遵循适地适树的原则

不同的树种具有不同的生态习性，对土壤、光照、水分和湿度等生态因素的要求不一致。行道树、街道绿地和林带等对树种都有不同的要求，因此在进行大树移植时，要因地制宜，遵循适地适树的原则，最大限度地满足大树生长所需要的生态条件。在进行树种选择时，以乡土树种为主，外来树种为辅。基调树种和骨干树种要重点种植，形成数量上的优势，统一风格，突出特色；一般树种的种类要多样，保证树种的多样性，以形成既具有城市特色，又有季相变化、丰富多彩的城市园林景观。

城市绿地生态效益的最大限度的发挥则取决于大量种植的中、小规格乔木，以及乔、灌、花、草、藤合理配置的人工复合群落。大树移植作为点缀与乔、灌、草搭配，形成符合城市要求的绿地景观系统。

6.2.3　必须保证常绿树种和落叶树种合理的比例

北方地区由于树种类别较南方少很多，冬季一般有5~6个月的时间，在进行树种选择时，应坚持以常绿树种为主，落叶树种为辅的原则，二者数量之比约为3：2，同时也能不断丰富树种，体现生物多样性的原则。

6.2.4　必须遵循速生树种和慢性树种相结合的原则

速生树种以生长速度快、见效快，在城市绿地绿化中一直占有一定的位置，对于城市绿化早出形象、快出形象具有重要的意义，但速生树种寿命一般较短，容易衰老，对城市绿化的长效性会带来不利影响。

慢生树种虽然生长比较慢，但寿命较长、景观效果好，能很好体现城市绿化的长效性。进行树种选择时，要将两者有机地结合起来，取长补短，并逐步增加长寿树种，珍贵树种的比例。

6.3　大树移植的基本原理

6.3.1　大树移植的基本原理

植物的生理、生化和生态等原理均是大树移栽的理论基础。在多年实践中以下两方面具有直接的施工指导意义。

6.3.1.1　近似生境原理

树木所处的生态环境是一个综合的因素，主要是指光、气、热等小气候和土壤条件。移栽后的生境优于原生境的，移栽成功率较高。而一些在高山生长的大树移入平原或一些在酸性土壤生长的乔木移入带碱性的地域，由于其生态差异较大，成功率较低。

6.3.1.2　树势平衡原理

树势平衡是指乔木的地上部和地下部须保持平衡。大树移栽已伤了树根，因此必须根据树种的根系存留情况对地上部进行修剪，使地上部和地下部的树势保持平衡。

6.3.1.3　胸径、树龄及抗逆性

通常所指的大树是胸径在15 cm左右，且处于生长旺盛期的壮龄树。这些树的可塑性很大，并且能在短期内恢复生长。大树移栽一般均选在秋天和早

春，此时因为一般大树树干的韧皮部积累了大量营养。大树因移栽使其根部和树叶受到损伤后，其体内主要靠树干韧皮部积累的营养来恢复根系和枝叶的重建。

6.4 大树移植在城市景观绿地中的作用

树木与其他园林建设材料相比，是一类不大定型的材料，虽有随树龄增加，姿态不断变化，景色不断丰富的一面，但如果对树种在一生中的树形变化规律不是真正了解，选用的幼、青年苗木，就很难保证达到预想的设计要求。某些重点绿化建设工程要求用特定的优美树姿相配合，只有采用大树移植的方法才能实现。

6.4.1 景观效果

大树移栽能在短期内提高绿地景观的时空价值。大树都有几十年生长期，新植后经精心养护并使之恢复生机，可以使新建绿地的景观效果提前几十年。在景观的空间层次上，高大的树体构成了绿地景观空间的主导者，把景观重点面高层扩展，对扩大绿地的内部景观和提高外部景观均有十分重要的意义。

6.4.2 生态效益

大树具有较高的叶面积指数和改善生态的功能，一株成活几十年的高大乔木，其叶面积总和可比其占地面积大 20 ~ 75 倍，而灌木和草类植物仅为 5 ~ 10 倍。据科学测定，大树吸收 CO_2、制造 O_2 的功能是草坪的 5 倍，吸尘量是草坪的 3 倍，因此大树可以提高景观绿地单位面积的生态效益。大树移植的同时也给下层的植物提供较好的水湿及庇荫条件，利于中、下层景观植物的生长发育，提高叶面积指数，并能最大限度地发挥有效土地面积的生态效益。

6.4.3 社会效益

以乔木为主的城市景观绿地，符合“生态园林、以人为本”的设计理念，能充分发挥城市景观绿地的休闲、游憩功能，又可以降低绿地单位面积的造价和养护成本。随着人们生态园林意识的提高，如今的城市景观绿地设计以乔木为主，以生物多样性为基础，以乔、灌、草、藤复层结构为基本形式，适当配植大型乔木。首先尽可能保留并保护原有乔木，大树一旦成形，下层的灌木、地被就可不必保留，可以做成透气铺装地，也可以是裸地，让游人步入林中，充分享受城市自然森林的气息，真正体现绿地的社会效益。同时成片乔木树荫下的气温比草坪温度约低 5 ℃，一块科学配植、结构合理的乔、灌、草绿地，空气湿度可增加 54%。可见，在城市景观绿地中大量种植高大乔木，不仅能减少工程造价，而且能降低养护费用，节约资金。

6.5 大树进城的弊端

6.5.1 “大树进城”热严重破坏了整个生态系统的平衡

众所周知，生态无界，从城市其他地方运来的大树在一定程度上是美化了城市，起到了良好的生态作用，但对于那些被取走大树的城市边缘地区、乡村、山区而言，则是大大破坏了生态系统。而且将这些优势树种大量移走，势必造成这个生态系统的严重破坏，从而造成种群的变化，影响该地的气候、水资源等。

6.5.2 “大树进城”后被修剪，起不到预期的绿化效果

大树被移到城市中绿化之前，往往要进行修剪，才能提高其成活率。而修剪特别是强度修剪，改变了大树原有的面貌，原有的枝繁叶茂不复存在，取而代之的是树体主干上只有几个方向交错的大枝，在枝上飘着一些残余的叶片，在短期内达不到预期的效果。

6.5.3 移植后的大树存活率往往不高，从而造成大树移植成活率降低、浪费严重

大树移植后，由于各方面的原因，如气候、植树季节、移栽技术等，往往会造成大树移后不适应，树体枝枯、叶落，从而降低了绿化效果，有些大树甚至会因不适应而死亡，往往一株树的移植费用达几万元，如果移植失败，经济损失和社会影响很大，造成“杀鸡取卵”的后果。

6.6 大树栽植的技术要求

6.6.1 大树栽植的土壤条件

大树栽植前，需要对树木定植的地点进行必要的调查，调查内容包括栽植地的地形、土壤条件、周围环境（邻近建筑物的距离和高度、地下管道深度、定植点所受阳光的多少、气温和地温、风向和风力等）及人流活动和车辆运行情况等，其中最主要的是定植点的土壤条件。

城市绿化中，可供树木栽植的土壤条件主要包括以下几种：

6.6.1.1　平原肥土

这种土壤理化性质最好，最适合树木生长，但在城市有限的土地面积上，属于这种条件的土壤类型极少。

6.6.1.2　荒山荒地

处于城市郊区或城乡结合部，面积较大，一般没有经过深翻熟化，土壤肥

力较低。

6.6.1.3　煤灰土或建筑垃圾土

居住区产生的废弃物，如煤灰、垃圾、动植物残骸等形成的煤灰土，以及建筑施工后所留下的灰渣、煤屑、沙石、瓦砾等建筑垃圾堆积而成的土壤，通常石砾含量高，对树木根系生长造成较大阻力。

6.6.1.4　市政工程施工后的场地

在城市中，如地铁、人防工程、道路改造等处由于施工，将未熟化的心土翻到表层，土壤结构性差，有效养分含量低。而且施工过程中机械对土壤的碾压容易导致土壤坚硬，通透性差。

6.6.1.5　人工土层

即人工修建成的，代替天然地基的建筑物，针对城市建筑过密现象以解决土地紧张问题的一种方法，如建筑的屋顶花园、地下停车场、地下铁道、地下贮水槽等的顶面，都可被视为人工土层的载体。人工土层没有地下水的供应，同时土层厚度受到局限，有效的土壤水分容量也小，如果没有雨水或人工浇灌，容易产生土壤干旱，不利于树木生长。

6.6.1.6　工矿污染地

由工厂排出的含有有害成分的废水、废气污染土地，致使树木不能生长，此类情况除用良好的土壤替换以外，一般很难有其他办法加以改良。

6.6.1.7　水边低湿地

城市内、城郊天然或人工湿地的边缘地带，通常土壤较紧实，水分含量高，地下水位高，土壤通气不良。

6.6.1.8　坚实土壤

园林绿地常常受人流的践踏和车辆的碾压，使土壤紧实度增加，隙度降低，导致土壤通透不良，对树木的生长发育相当不利。

6.6.1.9　盐碱化、沙化土壤

滨海城市中由于海水水位较高，容易引起海水入渗，导致土壤盐碱化和沙化；同时，内陆城市中也有部分土壤由于不合理的耕作和管理，导致土壤返盐，最终引起土壤盐碱化。对于这类土壤应在栽植前进行改良。

6.6.2　定植现场整理与土壤改良

大树定植的现场，是树木长期生长发育的基地，因此在大树定植之前，必须先将现场作一个全面整理。有绿化设计图纸的应按设计要求进行整理，无正式绿化设计的也要有必要的安排。主要包括地形、地势的整理和土壤改良两项施工任务。

6.6.2.1 地形、地势的整理

地形整理是从土地的平面上，将绿化地区与其他用地的界线区划明确；地势整理是指绿化地区地面的高低整理，主要是解决绿地今后的排水问题。这一过程应当在总体设计中体现出来。具体的绿化地块里，一般都不需埋设排水管道，绿地的排水主要是依靠地面坡度自然排水。

6.6.2.2 土壤改良

城市园林绿地，特别是大树栽植点土壤的改良无法采用轮作、休闲等措施，只能根据定植点的自然土壤情况采用深翻、改土、增施有机肥等手段来完成，以保证树木能正常生长几十年至几百年。

土壤改良的任务是通过各种措施来提高土壤肥力，改善土壤结构和理化性质，不断供应园林树木所需要的养分和水分，为其生长创造良好的环境条件。

大树定植点的土壤改良多采用深翻熟化、客土改良、培土和掺沙、掺黏土和施用有机肥等措施。

（1）深翻熟化

深翻结合施肥可改善土壤结构和理化性状，促使土壤团粒结构的形成，增加土壤孔隙度，降低土壤密度。因而，深翻明显改良了土壤固、液、气三相的平衡，使其保水和排水能力增强，透气性增加。

所栽植的大树多为深根性树种，根系活动旺盛，定植前对土壤深翻改良了土壤理化性状，有利于根系的纵向伸展，满足树木生长对土、肥、水的需要。

深翻时间一般在定植前一年的秋末冬初为宜。土壤深翻的深度与栽植地区、土壤质地和栽植树种等因素有关，一般深翻深度为 60 ~ 100 cm。通常黏重土壤要求深翻，沙质土壤应浅耕。地下水位高时宜浅耕，地下水位低时宜深翻。当土层较薄，下层为半风化的岩石或建筑垃圾时宜深翻，深度以打破此层为宜，可以增加有效土层厚度，并有利于地下水的上渗。所要栽植的树种为深根性时应深翻，浅根性树种可适当浅耕。

深翻的效果可以维持多年，其持续年限的长短与土壤本身有关，一般黏土地、低洼地深翻后容易恢复紧实，保持年限较短；疏松的沙壤土深翻后见效快，且效果的持续年限长，是较好的土壤改良措施。

（2）客土改良

大树移植施工时有时需要进行客土栽植，主要有以下几种情况。

①所栽培的树种对土壤酸、碱度有一定的要求，而本地土壤的 pH 值不一定符合树种生长的要求。如在北方栽植适生于酸性土壤上的树种时，应将局部的土壤全部换为酸性土。

②栽植地段的土壤根本不适合树木的生长，如重黏土、机械碾压过的坚实

土壤、建筑垃圾及被有毒的工业废水等污染过的土壤等，这些土壤对树木栽植以后成活有很大的影响，因此，在栽植树木时，应当酌情将全部或部分原有土壤进行更换。要选择通气透水条件好，有保水保肥性能的土壤。经多年实践，用泥沙拌黄土（3：1为佳）作为移栽后的定植用土比较好。它有三大好处：一是与树根有亲合力。二是通透性能好，增高地温，促进根系的萌发；三是排水性能好。雨季能迅速排掉多余的积水，免遭水涝，引起根部死亡；旱季浇水能迅速吸收扩散。条件许可时，可在树木移栽半月前对土壤进行杀菌除虫处理，达到防病除虫的目的。用50%托布津或50%多菌灵粉剂拌土杀菌；用50%百威颗粒剂拌土杀虫（以上药剂拌土的比例为0.1%）。

(3) 培土

这种改良方法可以有效增加土层厚度，改良土壤结构，提高土壤肥力，在我国南北方均普遍采用。培土方式在南方和北方有所区别。北方土壤沙性较强，适当掺入黏土，可以有效改良土壤结构，增加毛管孔隙，改善土壤供水特性；南方土壤一般较为黏重，土壤紧实，透气不良，通过掺入适量的沙土，可以增强土壤微生物的活性，起到培肥土壤的作用。

(4) 施用有机肥

有机肥料含有大量有机物质，养分完全，肥效期长，同时改良土壤结构和物理性质的效果好。有机肥料施于黏土中，能改良土壤的通气性；施于沙土中，既能增加沙土的有机质，又能提高土壤的保水性能；有机肥可以给土壤增加有机质，有利于土壤微生物活动，使土壤微生物繁殖旺盛；有机肥在微生物作用下分解时产生各种有机酸，提高土壤肥力；施用有机肥是一种很有效的土壤改良措施。

6.6.3 种植穴规格及挖掘

6.6.3.1 种植穴规格

确定种植穴的规格，必须同时考虑不同树种的根系分布形态、土球或木箱的规格及定植地的土壤条件。

(1) 与树种的根系分布形态有关

不同树种的根系分布形态主要分为两种，水平根系发达或垂直根系发达，如图6－1所示。水平根系发达的树种，其根系主要向四周横向分布，根系垂直分布较浅，如油松、雪松、刺槐以及毛白杨、加拿大杨等树种的根系均属于此类。对于该类树种，水平方向大面积疏松土壤可以有效减少根系生长所受的阻力，便于树木栽植后根系的恢复，有利于植株树势的恢复和生长，因此在挖掘种植穴时一般要求适当加大直径。垂直根系发达的树种，通常主根较发达，或侧根向地下深度发展，如桧柏、侧柏、白皮松等，对于这类树种适当加大种植穴的深度有利于植株根系的发展和养分的吸收。

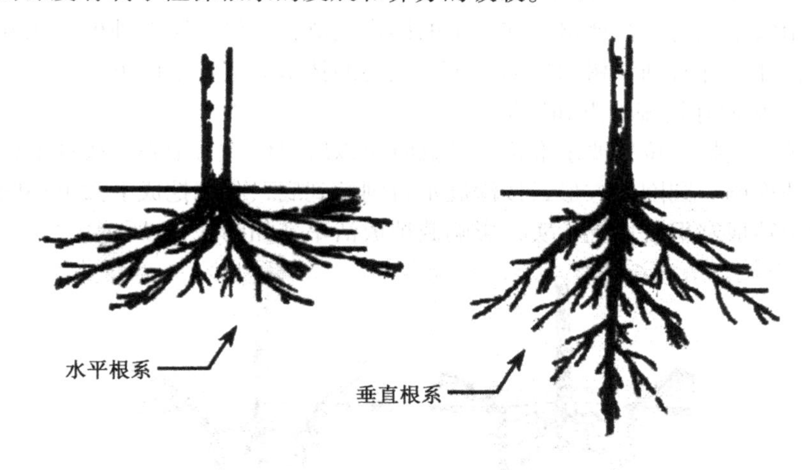

图 6－1　大树的根系类型

（2）根据土球或木箱的规格而定

大树移植的种植穴的规格通常须与土球的规格相适应，一般其直径应当比大树土球的直径大 50～60 cm 以上，种植穴的深度应比土球的高度大 20～30 cm 左右（具体见表 6－1）。

（3）充分考虑定植点的土壤条件

挖掘种植穴的同时可以起到疏松和改良土壤的作用，因此确定种植穴的规格时应充分考虑到定植点的土壤条件。土壤肥沃疏松、土层深厚、排水良好的地点，可以按土球和木箱规格的大小适当扩穴即可；土壤条件差、排水不良地区，如城市中的建筑垃圾土和施工后留下的土壤，通常紧实板结，石砾含量高，种植穴挖掘时应当加大穴的规格，以期达到充分改土的目的。

表 6－1　各类干径大树移植时种植穴规格简表

树干胸径/cm	土球或木箱		种植穴	
	直径/cm	高度/cm	直径/cm	深度/cm
10～15	100	60	150	80
15～17	150	60	200	80
18～24	180	70	230	100
25～27	200	70	240	100
28～30	220	80	270	110

6.6.3.2　种植穴挖掘的操作规范

种植穴挖掘时应当严格遵守一定的操作规范，以保证所掘种植穴能方便植树施工作业，并有利于树木后期生长。主要的技术规范包括以下三点：

（1）掌握好挖掘地点和坑形

种植穴挖掘的位置要求准确，挖掘时应以所定位置为中心，按规定种植穴直径在地面画一圆圈或方形，按深度垂直刨挖到底，不能挖成上大下小的锅底形，以免造成窝根或填土不实，影响栽植成活率，如图 6－2 所示。

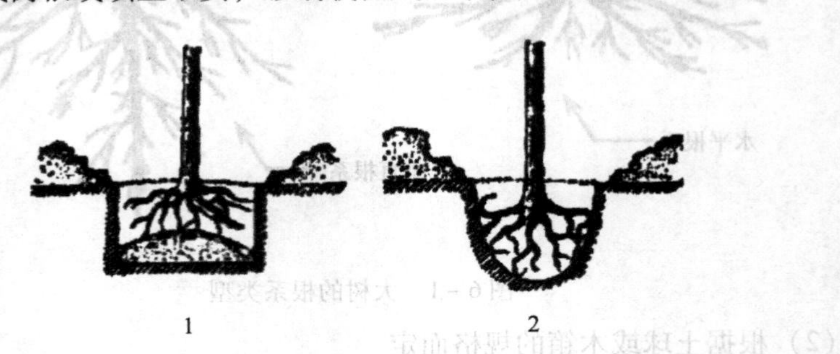

图 6－2　种植穴形状的要求

1. 正确的种植穴（种植穴上下一致，可以保持根系舒展）

2. 不正确的种植穴（种植穴呈锅底状，容易导致窝根）

（2）土壤堆放

挖掘种植穴时，对质地良好的土壤，应将上部表层土壤和下部底层土壤分开堆放，表层土壤在栽植时要填在树的根部。如土质为不均匀的混合土壤时，也应分开堆放，将土壤和石渣土分开堆放。同时，土壤的堆放要有利于栽植操作，便于施工，如图 6－3 所示。

（3）回填土

种植穴挖掘到规定深度时，应在穴底部回填部分松土。如种植穴土壤中混有大量灰渣、石砾、大块砖石时，则应换用沙质壤土作为回填土。有条件的地区，也可将腐熟过筛的堆肥与部分回填土拌和均匀，施入穴底铺平。施肥后，应在肥土上覆盖 6～10 cm 厚的沙壤土，以免定植时树根直接接触肥料而导致“烧根”。

6.6.4　栽植技术要点及步骤

6.6.4.1　栽植技术要点

在大树移植之前应充分考虑好树木适合栽植的时间，同时在具体栽植过程中还应掌握好树体的朝向及栽植的深度等方面的技术要点。

（1）掌握栽植时机

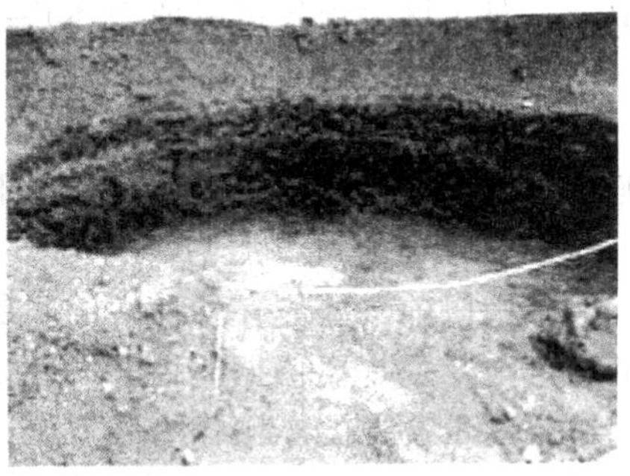

图6-3　种植穴的挖掘

施工的进度和日期，要依据绿化工程中各种苗木的最适栽植时间进行安排，其他工序以此为基准，保证“适时适树”。大部分树种都比较适宜在春季土壤解冻至树木发芽前这段时期移植，而且在这段时期内通常宜早不宜晚。但少数发芽晚、展叶迟的树种，如柿、白蜡、花椒、紫薇、悬铃木等，则在晚春栽植较易成活，即在芽开始萌动将要展叶时为宜。

（2）植株方向

在大树栽植操作中，不能只单纯注意根系的填埋，同时要对植株地上部分作妥善的朝向安排。植株方向的确定主要应依据大树自身的形态特征，同时兼顾绿化栽植的具体要求。通常要求大树在移植后仍然保持其在原产地的方位和朝向，以减少大树周围环境的变化，提高大树移植的成活率。树干有弯曲的树种，如国槐、柳树等，在作行列树栽植时，要将弯曲部位朝向直线方向，使树干尽量连成一直线；若不加注意，则树干向直线两侧弯曲，造成混乱不齐的效果。不同树种的群植移植，则要求树干和树冠的形态与其他植株互相配合，方向协调，形成优美的园林风景。在建筑物前绿地内栽植的树木，其树体较丰满美观的一面要趋向道路和广场，以达到最佳视觉效果。

（3）栽植深度

大树在定植后能否正常生长，栽植深度是其中一个重要的影响因子。

确定栽植深度时应充分考虑两个方面的基本情况。其一是树种根系的生态特性和分布形态，以及树种的生理特点，具有不同根系特点的树种对栽植深度有不同要求。对于浅根性树种，其根系接近地面，需要有一定的空气流量，并且不耐涝渍，如油松、刺槐、雪松、合欢等，通常需要浅栽，保证根系生长部位排水和透气性良好。对于深根性树种，其根系主要分布在较深层的土层中，能耐受一定的闭塞环境，如国槐等，另外还有部分树种其根系萌发不定根的能力很强，对于这类树种可以适当深栽，以增强树体的稳固性。

6.6.4.2　栽植步骤

大树起挖、吊装、运输至栽植点，并且准备好种植穴后，即可进行栽植。按照大树定植施工的工序依次包括以下几项。

（1）回填土与施基肥

在栽植以前，要先在种植穴的底层回填部分肥沃壤土。回填土时需严格掌握两项规范：一是要依据树种的特性以及种植穴周围和下层土壤结构的情况，选用符合质量要求的土壤作为底层土，然后再在上面填上部分砂质壤土。二是填土量和土壤紧实度要达到质量要求，这是植株栽植深度能否达到要求的关键。如填土量不足，紧实度差，则大树在栽植后一经浇水，土层便会下沉，植株也会随之一起下沉，若要再将植株往上抬升，既增加困难，又会影响到植株的成活。一般在施工操作时应先掌握大树根系和土球规格所需的填土高度，并在填土时稍高于要求的高度，随填随踩实，待浇水下沉后便正适合植株的栽植深度要求。

大树移植以后，为了促使植株旺盛生长，在日常的管理措施中，养分管理是一个很重要的过程，但后期施肥所需的工作量大，并且使用土壤追肥或根外追肥均对环境有一定的污染，因此在回填土的过程中，可以结合施入基肥，是一个比较省工而且无污染的养分管理手段。基肥可以在较长时期内供给树体养分，因此一般以迟效性的有机肥料为主，如腐殖酸类肥料、堆肥、厩肥、作物秸秆、枯枝落叶等，施入后使其逐渐分解，供树木较长时间吸收利用各种养分。

（2）植株栽植前的修剪

①根系修剪。植株在挖掘时所造成的根系受伤、断裂、根皮撕裂，以及在运输过程中造成的根系严重磨损等，栽植后伤口不易愈合，且容易感染、腐烂或失水干枯，因此，栽植前必须进行根系修剪，特别对于裸根移植的大树，以促使根系伤口尽快愈合。乔木栽植时根系修剪尤为重要，因为其在挖掘过程中受伤的多数是骨干根系，同时也造成须根大量减少，栽植后不能及时从土壤中补充水分和养分，容易造成地上部枝干的枯死。

在栽植前对生长不正常的偏根及过长根也必须进行修剪。

根系修剪要求剪口平滑，剪口贴近伤口处修剪，修剪伤口能小则小，以减少感染的可能性。个别劈裂严重，但又不便于去除的根系，可将劈裂伤口消毒后用草绳扎紧，让其在生长过程中自然愈合，要求绑扎物在植株根系增粗生长后能自行撑断或腐烂，因此不能用钢丝或塑料绳等绑扎，而应使用草绳。

②树冠修剪。园林树木栽植修剪的目的，主要是为了提高成活率和培养树

形，同时减少自然灾害。因此应对树冠在不影响树形美观的前提下进行适当重剪。对干性强又必须保留中干优势的树种，采用削枝保干的修剪法。对领导枝截于饱满芽处，可适当长留，要控制竞争枝；对主枝适当重截于饱满芽处（短剪1/3～1/2）；对其他侧生枝条可重剪（剪短1/2～2/3）或疏除。这样即可以保证成活，又可保证日后形成具明显中干的树形。对行道树的修剪还应考虑分枝点，一般一级分枝点应保持2.5 m以上高度，相邻树的一级分枝点要相近此高度。较高的树冠应于种植前进行修剪；低矮树可栽植后修剪。

③栽植。前期工作准备好后，即可将大树运到具体栽植地点进行栽植。在将大树散发到具体栽植穴的过程中，要严格执行两点：一是树种、规格、树形和冠形要严格按照设计要求与种植穴相对应；二是保护大树植株和根系不受损伤。针对大树不同移植方式，其栽植方式也有所差异。

a. 带大木箱移植大树的栽植需要借助于起重机如图6－4所示。栽植之前，先在大树树干上包好麻袋片或草袋，然后用两根等长的钢丝绳兜住木箱底部，将钢丝绳的两头扣在吊钩上，即可将树直立吊入种植穴中。如果大树的土球比较坚硬，可将树木移植吊至种植的上面还未全部着地时，先将木箱的中间底板拆除；然后由四个人坐在种植穴的四面，用脚蹬木箱的上沿，校正栽植位置。吊树入穴之前，可事先将回填的土壤在种植穴中部修整为方形土球，木箱安放的位置应正好落在种植穴的中部土球上，并且调整植株的方向与设计的要求及树形的特点一致。将木箱落实放稳以后，即可拆除木箱两边的底板，并慢慢抽出钢丝绳，然后在树干上绑好支柱，将树身支稳。

图6－4　带木箱大树栽植垂直吊放法示意图

树身支稳后，先拆除木箱的上板，并向种植穴内回填一部分土壤，待将土壤填至种植穴的1/3高度时，再拆去四周的箱板，接着再向种植穴内填土，每填20~30 cm厚的土壤时，应踩实一下，直到填满为止。

b. 带土球大树栽植时用粗麻绳捆绑土球的方法与吊装时的方法相同。吊起时，应使树干直立，然后慢慢放入种植穴内。穴内应先堆放15~25 cm厚的松土，使土球能刚好立在土堆上。填土前，应将草绳、蒲包片尽量取出，如不好取出，也应剪断草绳，剪碎蒲包片，然后分层填土踏实。

c. 裸根大树栽植时，要先在种植穴底部中心位置填20~30 cm厚的松土（土壤质地要求较高），再将大树吊入种植穴内，扶正，然后回填表土。填土时，应先将根部埋严实，然后抱住树干向上稍稍提一、两次，使根系与土壤密切接触后，继续随填土随踩实。填土过程中，应注意保证植株根系分布自然均匀，在填土、踩实过程中，要求不改变根系的自然分布方向。种植穴上半部可回填底土，直至填满种植穴为止。

在以上三种移植方式的大树栽植过程中，同时还要注意以下三个方面的操作要点：一是植株的栽植深度。在大树植株的根颈处，可观察到原来土面位置的痕迹，即“土痕”或“水印”，在栽植时一般都要以原土面痕迹为标准，与绿地土面保持一致，如图6-5所示。

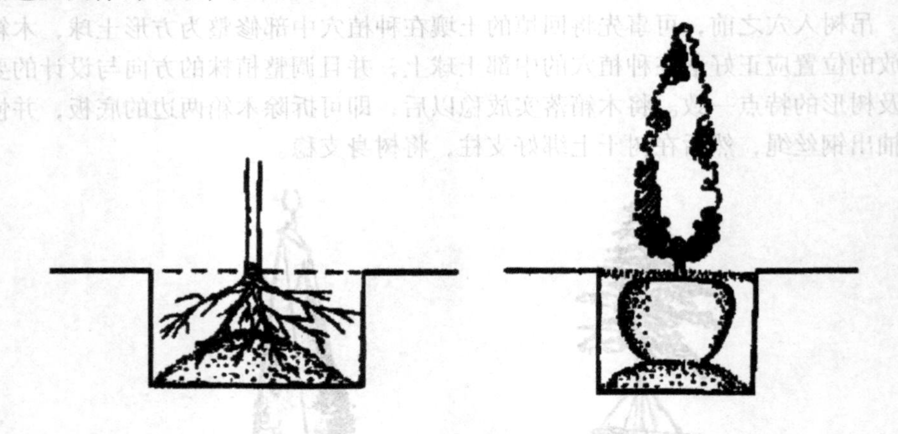

图6-5　大树栽植深度示意图

d. 浇水及中耕。在大树移植过程中，树木定植后，这种平衡尚未恢复。移植树木的死亡或生长缓慢的原因主要是由于蒸腾作用引起失水过多。解决这个问题比较简单而行之有效的办法即是浇水，而定植后的第一次浇水称为“定根水”，一方面可以增加土壤含水量，给大树补充必需的水分，另一方面可以使大树根系与土壤紧密接触，有利于根系对养分和水分的吸收。

进行浇水操作时必须掌握两项技术要点：一是浇水时间的掌握。大树移植工程各工序原则上应当进行流水作业，即有人栽植，有人浇水，顺序作业。大规模的绿化施工，待大量树木栽植完毕后再统一浇水，间隔时间相对较长，容易导致大树死亡，降低成活率。但当遇到特殊情况时可稍推后进行灌水，如在栽植时遇到大风，或天气预报当天晚间有大风时，即要将灌水时间适当推后。灌水时间一般应掌握在栽植后 24 小时之内。第二是浇水量的掌握。栽植后第一次灌水的要求是浇透灌足，即水分渗透至全种植穴及穴周围土壤内。适当的灌水量应当依据树种、种植穴规格及土壤的排水能力而定，对于喜湿树种，即可适当增加浇水量，以提高成活率。

在进行浇水操作时，先要筑好浇水用的土堰，堰埂要筑在种植穴的边缘以外，一般离穴边 10 cm。土堰埂的高度一般为 15 ~20 cm，要拍平踏实。用砂质壤土做堰边比较好，在灌水后可以用它封堰覆盖地面，如图 6 –6、图 6 –7 所示。

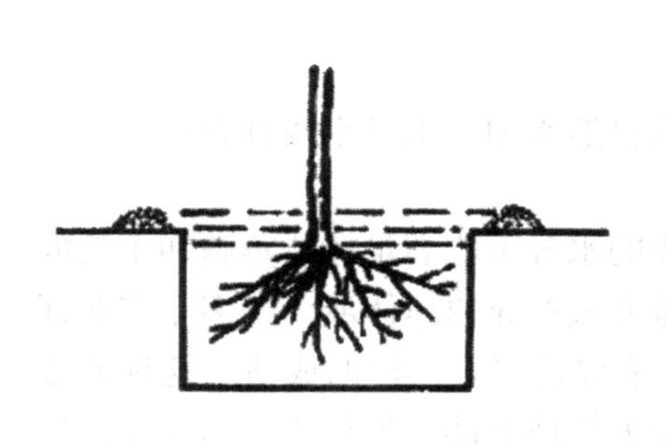

图 6 –6　栽植后开堰灌水示意图

图 6 –7　定植后作土堰浇水后不外溢，封堰后利于排水

在第一次浇水后，通常隔 3 ~5 天浇第二次水，再隔 7 ~10 天浇第三次水。但并非对于所有情况均是如此，需要根据不同树种、不同地势及不同土壤条件对浇水的时间和频次作一定的调整。

在每次浇水之后，待水分完全下渗后，要进行中耕松土，将根际周围浇水面积内的土壤疏松，避免土壤龟裂和水分大量蒸发。

6.6.5　大树移植后的抚育管理

大树移植后，为确保成活率，还必须精心科学管理养护，其中最主要一点是保持树体的水分平衡，因而水分管理是关键，植后一年尤其是前三个月尤需如此。更主要的是能确保落叶树种如榆树、柳树等早发芽、不回芽，常绿树种如黑松、云杉等不脱叶或少脱叶，再加上其他相应的配套管理措施，如松土、施肥等，最终达到提高大树移植成活率的目的。

6.6.5.1 水、肥管理

（1）水分管理

浇定根水和根部灌水。栽植时应浇透定根水，待收水汽后浅耕树盘，切断土壤毛细管，增强透气性能，并用薄膜或草席覆盖，以提高保湿能力，以后每隔5～7天揭开盖膜或盖席检查1次，如膜下或席下土壤已无湿气，应立即浇水；浇水必须次次浇透，如间隔时间过长、浇水不透、土壤过干，易引起失水萎蔫；浇水过勤过多、土壤过湿、土温偏低，则会抑制新根生长，甚至导致烂根。

夏季大部分时间气温在28 ℃以上，如此高温的天气，是一年中水分管理的最难时期。如管理不当容易造成根系缺水、树皮龟裂，会导致树木死亡。这时的管理要特别注意根部灌水，往预埋的塑料管或竹筒内灌水，此方法可避免浇“半截水”能一次浇透，平常能使土壤见干见湿。也可往树冠外的洞穴灌水，增加树木周围土壤的湿度。

（2）排水

排水是防涝保树的主要措施。主要采取自然水和人工排水两种方式。

（3）输液

大树移栽后根系吸收功能差，根系吸收的水分不能满足树体蒸腾和生长的需要，所以除树盘灌水保湿外，还应用输液方式补充树体体液。经多年实践证明，采用树干注射生长剂，“吊瓶”输液法能促进移栽大树的成活。这种方法有利于移栽树根系伤口的愈合和再生，补充大树地上部分生长所需的养分，从而确保移栽树的成活。

一般输液10～28天后树势将由弱逐渐变强，叶片由淡绿变至深绿而后吐出新梢。但必须特别注意的一点是：要在症状表现的初期及时进行“吊瓶”输液。

（4）施肥

为防止移植后的大树早衰和枯黄，适量补充大树养分，促进新根生长，增强对病虫害的抵抗能力，除在栽植前穴底施基肥外，在大树刚萌芽及新梢长10 cm左右，秋季长梢时各施追肥1次，以氮肥为主，可结合浇水薄施，配成水溶液浇灌或1%～2%的尿素或磷酸二氢钾进行根外追肥，促进新梢生长。

6.6.6 大树的整形修剪

6.6.6.1 整形修剪的目的

①保持大树的自然态势。为促进或抑制树势，使树冠均衡美观，对衰老枝、弱枝、弯曲枝进行修剪，可促进其萌发生命力旺盛的、强壮的和通直的新枝，达到更新复壮，加强树势的目的。

②创造和培养非自然的植物外貌。满足观赏要求。

③改善通风透光条件。剪去枯枝、伤枝、病枝、虫枝，使树冠通风透光，光合作用得到加强，减少病虫害的发生。

④将不利于植物生长的部分剪掉，特别是萌蘖条和徒长枝。

⑤为了展示树木诱人的树干，将乔木和大灌木下部枝条剪除，在每年休眠期，采用截顶强修剪，促使萌发旺盛的侧枝，以最大限度地显露其美丽的枝干。

⑥调节营养生长与生殖生长关系。以观花、观果为主的树木，通过对枝条的修剪，调节树体的营养生长与生殖生长的矛盾，使营养物质合理分配，促进发芽，提早开花结果，克服观果树木的大小年现象，保持观赏效果。

⑦调节矛盾、减少伤害。剪去阻碍交通信号及来往车辆的枝条，增强人们的安全感。

6.6.6.2　树木的修剪

园林景观树木的修剪随时都可进行，如抹芽、摘心、除蘖、剪枝等。有时树木因伤流等原因，要求在伤流最少的时期进行，绝大多数树木以早春和夏季修剪为最好。

（1）休眠期修剪

树木休眠期内树木生长停滞，树体内养分大部分回归根部，修剪后营养损失最小，且修剪的伤口不易被细菌感染，对树木生长影响较小。北方寒冷地带，冬季修剪后伤口易受冻害，因此早春修剪为宜。此项工作一般在3月上、中旬，此时树木根系尚未旺盛活动，营养物质尚未由根部向上输送，可减少养分的损失，对花芽、叶芽的萌发影响不大。同时也是更新修剪灌木的最佳时期。

（2）生长期修剪

也称夏季修剪。夏季修剪比早春的修剪宜轻，可以剪去蘖枝、徒长枝，目的是保持树木的形态，此时应避免过重修剪，特别是对那些生长势弱的树木。作为基础种植的绿篱和人为造型的灌木，最宜在夏季修剪。夏季修剪是除去病枝、虫枝、枯枝，若修剪过重，会使它们徒长秋梢，这些新枝在冬季来临前没有足够的时间发育充实，霜冻一来，易遭冻害。

大树移植后，对萌芽能力较强的树木应定期，分次进行剥芽和除萌，切忌1次完成，以减少养分消耗，保证树冠在短期内快速形成。剥芽时宜多留些芽，及时除去基部及中下部的萌芽，控制新梢在顶端30 cm范围内发展成树冠。

常绿树种需除并生枝、丛生枝、病虫枝及内膛过弱的枝外，一般当年不必剥芽，到第二年修剪时进行。

6.6.7 大树移植后的支撑固定

设立支架时需要考虑大树所在点的风向，其支撑位置一般着重选择在栽植点的下风向。支柱材料要依据树种和树木规格而选用，既要实用也要注意美观。设立支撑架的方式包括以下几种：

6.6.7.1 单支柱

与栽植植株树干平行立支柱。常在定植前于定植穴中心点立一直立支柱，待培土完成后把支柱上端和近地处分别与树木主干扎牢，防止大树晃动。

6.6.7.2 门字形支柱

对于干径在 10 ~ 15 cm 的行道树，栽植完成后，在树干相对应的两侧约 50 ~ 70 cm 处各打一根高约 1 ~ 1.5 m 的支柱，中间用一粗实的横杆将两支柱连接两头，绑扎牢固使横干的中心位置与树干对齐，然后把横杆和树干扎牢防止晃动。待根系能起到良好固定作用后即可拆去支架，一般定植后保存一年。

6.6.7.3 人字形支柱

大树栽植后在树的两侧各立一根斜撑支柱，构成“人”字形。有时为了使支柱牢固也可以与树干成三角，利用树干作一支柱，然后将支柱和树干绑牢，防止根系晃动。这种支柱虽然所用材料较少，但稳定性相对较差，适合于行道树。

6.6.7.4 三角形支柱

利用 3 根竿木棍构成三角形，其上角和树干扎在一起，起支撑树干的作用。为使支架稳固，立支柱时常将支柱的基部顶在坑帮上，并埋入土内 30 ~ 40 cm，踏实。此支撑方式多用于雪松、五针松、梓树等树冠或树体特别高大的乔木，如图 6 – 8、图 6 – 9 所示。

6.6.7.5 拉钢丝固定

有些树种树冠比较高大，立支柱不能完全解决稳定性问题，特别是带土球的常绿树，树冠较大，移植后根系范围很小，重心又高，故常用打桩拉钢丝固定树干的方法。主干和钢丝之间用衬垫物垫好。拉钢丝角度（与主干夹角）以 40°~60°为宜。拉两根钢丝时在树的两侧各拉一根；拉三根时钢丝之间保持夹角为 120°。

6.6.7.6 四支柱式

为增加牢固性也可采用立四支柱方式，在树干四周均匀立四根支柱，上部用交叉支柱与树体相固定，如图 6 – 10。

6.6.7.7 #字形支柱

为使支撑牢固，常使用#字形支撑方式。在树干四周均匀立四根支柱，均

图 6－8　三角形支柱的腰匝

图 6－9　行道树用的三角形支柱

图 6－10　大树移植用四支柱式固定

向树干略倾斜，上部以四根适当长度的横杆与支柱固定，四横杆围合成方形后即将树干固定在中央位置上。

6.6.7.8　连排网络形

每株新植大树采用适当方法支撑固定以后，为增加树体固定的牢固程度，常利用横杆将相邻树体固定一起，连排形成网络状。此方法应用于种植大面积、大规格乔木支撑，虽增加了投资，但美观、整齐、牢固性强。

6.6.8　抗寒保暖

冻害对树木威胁很大，严重时常将数十年生大树冻死。树木局部受冻以后，常常引起溃疡性寄生的病害，使树势大大衰弱，从而造成这类病害和冻害的恶性循环。如苹果腐烂病，柿树的柿斑病和角斑病等的发生，已经证明与冻害的发生有关。有些树木虽然抗寒能力较强，但花期易受冻害。因此预防冻害对树木功能的发挥具有重要意义。

越冬防寒措施主要有以下几种。

6.6.8.1 贯彻适地适树原则

充分了解移植大树的生物生态学特性、分布区域及移植点的极限温度条件，因地制宜地引进在当地极限温度下不受冻害的大树。

6.6.8.2 加强栽培管理，提高抗寒性

加强栽培管理，特别是生长后期的管理，有利于树体内营养物质的积累。春季加强肥水供应，合理运用排灌和施肥技术，可以促进新梢生长和叶面积增大，保证树体健壮。后期控制灌水，及时排涝，适量施用磷钾肥，勤锄深耕，可促使枝条及早结束生长，有利于延长营养物质的积累时间，从而更好地进行抗寒。

6.6.8.3 加强树体保护，减少冻害

具体防寒措施如下：①在封冻前浇足浇透封冻水，防止冬季干旱；②浇足封冻水后及时进行干基培土，培土高度根据树种特性及树体大小（30～50 cm）不等；③在9～10月份对树干进行干基涂白，涂白高度1.0～1.2 m，配方如下：生石灰5 kg+食盐0.5 kg+硫磺粉0.75 kg+油100 mg+水20 kg；④立冬前用草绳将树干及大枝缠绕包裹保暖，外面再包上塑料薄膜，薄膜要延伸到树干基部，这样既保温也保湿；⑤对抗寒能力较差的新移珍贵树种还要视情况搭设防风障。

在受冻树木恢复生长时应尽快恢复输导系统，治愈伤口，缓和缺水现象，促进休眠芽萌发和叶片迅速扩大。受冻后恢复生长的树木，一般均表现生长不良，因此首先要加强管理，保证前期的水肥供应，亦可以早期追肥和根外施肥，补给养分。

在树体管理上，对受冻害枝条要晚剪和轻剪，给予一定的恢复时期。对明显受冻枯死部分应及时剪除，以利伤口愈合。

6.7 树木假植

在树木挖掘或运输到移栽地点以后应尽快定植，但由于一些特殊原因，往往不能随掘随栽，遇到这种情况，无论裸根移植树木或带土球移植木树，都应及时进行假植，以保护树木和解决植株生理特性方面的正常要求。

6.7.1 假植方法

按树木假植时间的长短，假植一般可分为三类：临时假植、短期假植和长期假植。现分述如下。

6.7.1.1 临时假植

树木运输至施工场所后，不能随到随栽，最长放置时间不超过1~2天的，可以采取临时假植。通常用湿草袋、蒲包片或苫布将裸树根部包严，可放置几个小时；将裸根树木排放在土沟里或松土上，用湿土将苗木根系盖严，可假植1~2天。带土球树木如不能及时栽植，也需要整齐排放，适当喷水湿润后，用湿草袋覆盖土球。

6.7.1.2 短期假植

若在绿化施工的早期将树木运到工地，而工地栽植条件还不具备，需要将树木妥善保存一段时间，进行短期假植。短期假植时间一般为一周至一月。裸根树木假植时要事先挖假植沟，沟宽2~3 m，沟深50~60 cm，沟长可根据地形、面积而定，然后将树木按树种和规格分层顺沟横向排放，每排之间覆盖一层湿润壤土。覆盖要严密，使根系不外露。树木排好后，要向土球上培土，培土高度以培至土球高度的1/3处为好，切不可将土球全部掩埋，以免草绳糟朽，如图6-11所示。

图6-11 大树假植

6.7.1.3 长期假植

绿化植树工程若遇到特殊情况，如在春季无法进行栽植施工，但树木已挖出时，则需要采用长期假植的方法。用该法可假植树木2~3个月，在假植期间树木正常生长，至栽种定植时树生长不受影响，栽植后即可发挥绿化效果。

具体方法是将裸根树木采用“人工土球”技术，先按树木规格的大小，挖一土球大小的土坑，先在土坑内铺放打包用的蒲包和草绳，以及为拔取土球用的绳索，然后将土壤和树木根部填入，随填随踩实，做成人工土球，再用绳索将土球提出土坑，用草绳捆实土球，如图 6－12 所示。如土球直径超过 80 cm，则要用木板制作木箱再将土球装在木箱内。长期假植的树木在假植初期要按修剪技术要求进行修剪。

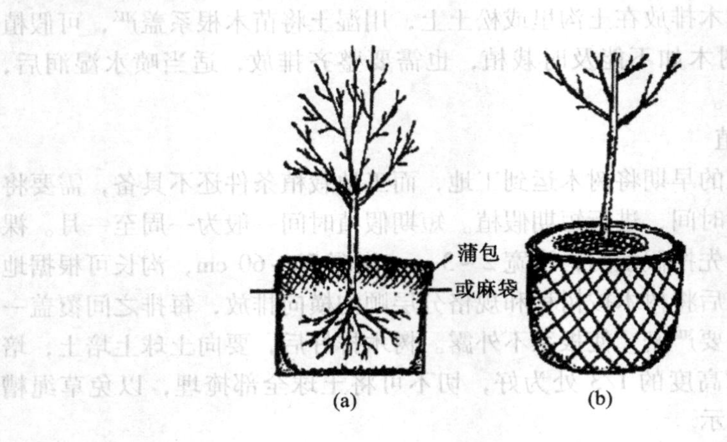

图 6－12　大树假植土球装筐

（a）人工土球制作技术；（b）人工土球装筐

6.7.1.4　假植地的选择

假植时，需要选择平整开阔的地区，要求交通便利，利于装卸树木，同时假植地以背风、低湿、少阳光直射为好。地势要高，以利于排水。假植土壤为砂质肥沃壤土，以便于保湿透气。

6.7.1.5　假植期内的养护

在假植期内最主要的养护工作是始终保持树木根系的湿度。对覆盖根部的土壤要经常检查，并定期适量浇水，假植沟内既不能渍水，也不能缺水。带土球的树木，土球码放整齐后，对土球的湿度也要检查，要定期适量喷水，喷水量不能过多，保持土球内适当的含水量即可，若含水量过高，土球变软，在搬运定植过程中不耐外压，容易造成土球破碎，影响树木成活。在保持根系湿度的同时，对地上部分也要经常喷水。

6.8 养　护

俗话说“三分栽植，七分养护”，养护工作在树木定植后就应进行，在养护过程中，对于一些养护要求较高的移栽树木，要根据树木的生长特性、季相变化等采取相应的养护措施，遇到特殊的气候条件时，还应采取特殊的养护措施。

6.8.1　加土扶正

新栽树木在下过透雨后必须进行一次全面检查。树干动摇倾斜的应松土夯实。如果支撑树木的支撑架已松动，要重新绑扎加固。对于倒伏的树木必须重新栽种，并支撑扶正。

6.8.2　中耕除草

因降雨、浇水及人为走动等原因，常使根旁泥土板结，影响树木的生长发育。所以中耕除草是养护管理的基本措施之一。

除草结合松土进行，要注意不能过深或过浅，过浅达不到应有效果，过深会伤及根系。松土深度一般在 6～7 cm 为宜，松土时要把生长在表土里的浮根切断，促其向下扎根，深根可抗旱抗风。松土除草的方式应视地势、土壤、树种等相关条件而定。通常树根附近松土浅些，树根外围可深些；树小浅些，树大深些。在生长季节，一般 15 天左右应松土除草一次，根据“除早、除小、除了”的原则进行。

6.8.3　抹芽除萌

树木移植一段时间以后，树干上会抽出许多嫩芽、嫩枝，在树干基部也会有萌芽产生，应定期进行抹芽和除萌，以减少养分消耗。为使树木生长茁壮，在春季萌发时，可用手随时摘除多余的嫩芽，这叫“剥芽”。在树木生长期间，对生长部位不得当的枝条也要剪除，使树冠能生长均匀和通风透光。树木落叶休眠后，对主枝上生长过密的细枝也要适当疏去，并剪掉枯枝、烂枝和有虫卵或损伤的枝条，一般情况下不宜强度修剪。修剪树木的工具必须锋利，使剪口平滑。通常较大树枝锯除后，最好在剪口上涂抹防腐涂剂。抹芽与留芽要分次进行，留芽要根据培养树冠的要求确定。

6.8.4　病虫害防治

移栽树木病虫害的防治应该以预防为主，综合防治。要及时修去树木病虫枝，同时做好松土除草、修剪、施肥等一系列养护管理工作，创造树木生长的优良条件，增加树木抵抗病虫害的能力。

树木的害虫种类较多。常见的有刺蛾、袋蛾、天牛、金龟子、木蠹蛾、卷叶蛾、蚜虫、蚧壳虫、红蜘蛛、梨网蝽以及地下害虫蛴螬、地老虎等。常见病害有黑斑病、叶斑病、锈病、褐斑病等，还有一些由于土壤、气候原因或管理不善而产生的生理性病害等。

移栽树木，特别是大树通过锯截、移栽，伤口多，萌发的树叶嫩，树体的抵抗力弱，容易产生病害、虫害，如不及时防治，可能会引发虫灾或产生严重病害迅速死亡，所以在整个生长季节要认真观察，预防为主。一旦发现病虫害要及早防治，使树木健康成长。一般每年 4 ~ 10 月是各种病虫害的多发时期，病害主要有炭疽病、叶枯病、黑斑病等，虫害主要有蚜虫、蜗牛及一些钻蛀性害虫如天牛等，如发现病虫害，应根据发生的种类和程度，及时进行药剂防治。可用多菌灵或托布津、敌杀死等农药混合喷施。分 4 月、7 月、9 月三个阶段，每个阶段连续喷三次药，每星期一次，正常情况下可达到防治的目的。

6.8.5 冬季养护与防除自然灾害

6.8.5.1 冬季养护

新植树木的枝梢、根系萌发迟，年生长期短，积累的养分少，组织不充实，易受低温危害，应做好防冻保温工作。一方面，入秋后要控制氮肥，增施磷钾肥，延长光照时间，提高光照强度，以提高树体的木质化程度，增强自身抗寒能力。另一方面，在入冬寒潮来临之前，做好树体保温工作。可采用草绳缠干，设立风障等方法。设立封闭式风障时，应选用苇席，彩色条纹布为宜，有利于空气流动，气体交换。顶端应敞开，周身有一定量的透气孔，忌用厚塑料布设封闭式风障。移植大树冬季养护应采取以下措施。

（1）及时灌封冻水

对树木尤其是新栽植的树木灌封冻水，水渗后在树木基部培起土堆。这样既供应了树体所需的水分，也提高了树木的抗寒能力。

（2）施基肥

秋末冬初视树木年龄大小和栽植时间的长短，适当施一些有机肥或化肥，且适量灌水，使肥料渗入，促发新根，增强树势，为来年的生长发育打下良好的基础。

（3）整形修剪

根据园林树木不同的应用目的，进行整形修剪，既可调整树形，还可协调地上、地下部分之间的关系，促进开花结果，又可消灭病虫害。对于较大的伤口，用药物消毒，涂上煤焦油加以保护。

（4）树干涂白

冬季树干涂白既可减少阳面树皮因昼夜温差大引起的伤害，即日灼和冻害，又可消灭在树皮的缝隙中越冬的害虫。涂白高度以 1 ~1.2 m 为宜。

（5）清理杂草落叶

杂草落叶不仅是某些病虫害的越冬场所，而且在干燥多风的季节易发生火灾。因此，应把绿地中的杂草落叶清理干净，集中处理，既消灭了病虫源，也消灭了火灾隐患。

（6）更换死树

利用冬闲时间，对那些无可挽救的树木，尽早挖除，并补栽上相同规格的苗木。

6.8.5.2　防除自然灾害

风、霜、雪、雨所构成的自然灾害往往给新栽树木带来较大的伤害，因此防除自然灾害也是养护中一项必不可少的重要任务。

（1）防风害

在暴风、台风来临之前，可将树冠酌量修剪，减少受风面，设立支柱或加固原有支柱。在大风之后，被风刮斜的树木应及时松土扶正。

（2）防雪害

冬季降雪时，常因树冠积雪，折断树枝或压倒植株，尤以枝叶密集的常绿树受害最严重。因此，在降雪时，对树冠易于积雪的树木，要及时振落树冠过多的积雪，防止雪害，将损伤降低到最低限度。雪后对被雪压倒的树木枝条及时提起扶正，压断的枝条小心锯除。

（3）防冻害

冬季的寒流侵袭以及早霜、晚霜、雪害等都能给新栽树木造成冻害。因此，在生长季要加强肥水和土壤管理，增强树体抗寒能力，晚秋严禁施用氮肥，秋耕要避免伤根过多而削弱树势。对不耐寒的树木可进行根部培土、设立风障、用草绳或稻草包扎等防护措施。

（4）防日灼

日灼又分冬季日灼和夏季日灼。冬季日灼是冻害的一种。向阳的树干或主枝的皮层，白天受太阳直射，温度上升，细胞解冻，而夜间温度急剧下降，细胞冻结；冻融交替，使皮层组织死亡。夏季日灼使树干或主枝的皮层受太阳直射，局部温度过高而导致灼伤。防止日灼的办法除了树干涂白外，还可用草绳和稻草包扎树干。

6.9　大树移植及养护档案的建立

大树移植及养护档案，是大树移植和养护及大树现状的真实记录，也是总结大树移植经验的事实依据。通常将大树移植及养护档案分为：大树挖掘及运输档案、大树栽植档案、大树养护档案。

大树挖掘及运输档案：主要记载大树挖掘前的基本情况（树种、来源、树高、胸径、冠幅、枝下高等）、产地土壤情况、挖掘方法、土球包装方法、修剪方法、起吊及运输方法等。

大树栽植档案：包括栽植地的土壤情况、整地过程和栽植前的修剪、栽植时间、栽植技术环节等。

大树养护档案：主要包括大树栽植以后所采取的各种养护管理措施，如土壤管理措施、水分管理措施、养分管理措施、搭支架、遮阴措施、抹芽和留芽及修剪情况、病虫害发生及防治措施、树木成活及生长状况、防冻及防除其他各种自然灾害措施等。

总之，大树的移栽养护因树种、环境、季节的实际情况不同而有所差异，需要在实践中加以分析掌握，因时因地因树灵活地加以应用才能收到预期的效果。大树成活与否不能从一个生长年得出结论，大树移栽当年成活后，还必须进行3~5年的精心管理，待树势恢复、抵抗力增强、逐步适应移栽地气候及其他环境条件后，才算引进移栽真正成功。值得注意的是，大树移植虽然有利于改善城市的生态环境，但也要考虑其技术难度和经济投入，要因地制宜，不能盲目效仿，更不能随意破坏自然资源。

6.10 树木移植特殊情况处理

6.10.1 反季节栽植

城市树木可能因各种因素影响不能在最适宜的时期栽植，这种树木在非适宜时期栽植的现象称为反季节栽植。反季节栽植的树木存在的主要问题是地上部和地下部水分容易失去平衡。新栽树木地下部根系受伤后尚未恢复，新根尚未产生，而地上部枝叶生长又需要大量的水分和无机养分，因根系供应得不到保证，故常造成树木生理干旱。

为了提高反季节植树的成活率，常采用带土球移栽的办法来尽量减少根系的损伤。地上部分修去一部分枝叶。对大剪口、大锯口用塑料薄膜包扎以减少伤口失水。枝干用草绳缠绕，并在栽植后注意向枝叶喷水保湿以减少叶片气孔和枝干皮孔向外的水分蒸发，同时保持栽植地的湿润。如栽植树木较大且有花有果时，则应疏花疏果以减少养分的消耗。一般不提倡反季节移植，特别是反季节大树移植，不仅因为管理成本高，而且死亡率也高。

在园林绿化中，有时为了某些特殊需要或特殊原因，不得不在反季节（5~9月底）进行移栽。反季节栽植树木除了采取适地适树、用健壮苗木、及时松土浇水、防治病虫害等正常季节所采用的措施外，还必须注意增加树苗的水吸收和减少水分消耗（蒸腾）。为提高树木成活率，常采取以下措施。

6.10.1.1　定好方位

由于植物的生长都有其方向性，在起树前应加方位标记，特别是方向性较强的树种，如雪松等，否则栽错了方向会严重影响其成活率，反季节移植更应注意这一点。

6.10.1.2　大土球移植

反季节移植树种，起苗时都必须带土球且应适当加大，严禁裸根移植。带土栽植是反季节栽植树木的最根本措施。根据各树种的根系分布特性，决定带土球的大小，做到苗木根系少受损伤，以便栽植后尽快恢复吸收水、肥的功能，从而保证成活。只要做到带好土、阴雨天移栽，移栽成活率大都能达到80%以上。常规起苗，土球大小是干径的8～10倍，反季节应增大到10～15倍。用草绳把土球包好，以防散坨。起苗前，将四周侧根分两期断掉。全部断完后灌一次水，养好根后即可起苗。起苗后用包装物包好，并洒水保湿，炎热天气一定要先将树冠遮蔽包裹后起苗，叶必须喷水，以保持叶片新鲜。装车运输时，需轻装轻卸，防止散坨。装车完毕，进行叶面喷水，防止运输期间枝叶失水过多。最好选择夜晚运输，白天运输车厢要遮荫，避免强光直射。

6.10.1.3　疏枝、叶

树木起挖后要及时进行疏剪枝叶即内膛枝、过密枝、枯枝，保证树形。一般阔叶落叶树，保留叶量不超过总叶量30%；常绿阔叶树保留叶量不超过总叶量的50%；针叶树应疏枝30%以上。疏枝伤口应用石蜡或油漆封口，同时用草绳把主干缠好，并用水浸透。

6.10.1.4　挖定植穴（大树定植）

定植穴大小应为树干的20～25倍。挖时表层土和深层土（心土）分开，以便栽植时回填。底部1/3填充无杂物的生活垃圾或农家肥，再回填表层土至1/2处，可在其内拌些缓效的化肥。

6.10.1.5　浸坑

在定植的前一天，把定植坑灌满水，这叫浸坑，目的是使坑内完全潮湿，栽后打好水盘灌水，直至渗水缓慢为止。

6.10.1.6　有效的栽植技术

栽植前，用ABT3号生根粉处理根系可促使树木尽快产生新根，促进根系生长，提高成活率。在7月份以后移栽树木最好用药剂ABT进行处理，以促成活，安全越冬。还可用输液方法即注射器注射、喷雾器压输、挂液瓶导输解决大树内部上下的供需矛盾，促使树木生长尽快恢复。

栽植时，根据起苗的方位标记，栽植时摆正，调好位置，剪开土球上绑扎的草绳，然后回填土，下部填表土，上部填生土，回填一层，踩实一层，让土球和土壤紧密结合，不留空隙，以防浇水后土球开裂，树木倾倒。

6.10.1.7　合理浇水

定植水浇透后，第3天补浇1次透水，第7天浇1次，半月后再浇1次透水，以后视天气情况每隔10~15天浇透水1次。每次浇水时注意把树干上的草绳浸透。

6.10.1.8　盖膜、覆草

定植第2天应封土围堰，封好后，在树干周围盖一层薄膜或草袋，保持土壤湿润。盖膜应离树干15 cm以上，且要把口封好，以免膜下热气流损伤树皮。条件许可最好在树下铺上草坪，既保墒又美观。

6.10.1.9　遮荫、喷雾

在阳光比较强烈，气温达25 ℃以上时，应对新植树木进行遮荫。而遮阴材料现在通常是用塑料遮光网。这种材料的透光率有50%和80%，在使用遮光网时，遮光网与树冠外围的间距往往被许多人所忽略，在实际操作中有的甚至直接将遮光网罩在大树上，这样不仅阻碍了树木通风透光，而且会由于遮光网吸热造成叶片灼伤。正确的间距应为50~80 cm，遮光网使用的季节一般为夏季7~9月间。另外在使用中最好根据天气情况的变化，每天往枝叶上喷雾5~8次，针叶树可适当减少次数。若有条件，可在树旁立一适当高度的撑竿，将水管绑在撑竿上，水管顶端安一小型喷头，下装一闸阀，自动喷雾。待新的枝叶发出后，逐步减少喷雾时间和次数，一般应喷雾20~30天，并每天向枝叶喷雾5~8次。如可定期喷雾则不用遮荫，每天10~16时进行枝叶间歇喷雾，新的枝叶发出后再逐步减少时间和次数，一般应喷雾20~30天。

6.10.2　树木生长不良的原因及复壮措施

6.10.2.1　树木生长不良的原因

任何树木都要经过生长、发育、衰老、死亡等过程，也就是说树木的衰老、死亡是客观规律。但在某些情况下，特别是园林树木，本身未达到衰老年龄而表现出衰老或者生长不良的现象，这就需要对树木生长不良的原因进行认真的探讨，以便及时有效地采取各种措施，促进树木健康地生长。总体来说，树木生长不良主要有以下几个原因。

（1）土壤密实度过高

城市公园里游人密集，地面受到严重践踏，土壤板结，密实度高，透气性差，对树木的生长十分不利。从现有调查资料来看，凡是生长良好的大树、古树，其生长环境都相当优越，土壤一般都深厚、肥沃、疏松、排水良好，小气候适宜。而那些生长不良，或是未老先衰的树木生长环境往往比较恶劣，土壤密实度过高。如北京中山公园在人流密集的柏木林中土壤密度达 1.7 g/cm^3，非毛管孔隙度为 2.2%；天坛“九龙柏”周围土壤密度为 1.59 g/cm^3，非毛管孔隙度为 2%。在这样的土壤中，树木根系生长受到了严重抑制。

（2）树干周围铺装面过大

城市中有些地方用水泥或其他材料铺装，仅留很小的树池，造成根际周围土壤透气性极差，严重影响了树木根系的生长。

（3）土壤理化性质恶化

近些年来，有不少人在公园或行道树树荫下搭建帐篷，开各种各样的展销会、演出会，或成为居民日常锻炼和游玩的场所，这不仅造成树下土壤密实度增加，同时还会带来各种污染，导致土壤含盐量增加，对树木的生长也极为不利。

（4）排水不良或地下水位过高

土壤排水状况或地下水位的高低，对树木的生长影响很大。对于城市园林中栽植的一些耐涝性较差的树种，往往会因排水不良或地下水位过高，造成根系缺氧，容易积累大量使植物中毒的乙醇，严重抑制了根部的呼吸，影响了根系的继续发育，这样就难以在大范围内吸收养分，致使树木的生长受到限制。同时由于长期渍水，根部表面腐烂，引起病虫害增加，从而导致树木长势变弱直至死亡。

（5）根部的营养不足

有些树木栽植在殿基上，栽植时只在树坑中换了好土，根系恢复生长到一定程度后，很难继续向坚硬土中生长，由于根系活动范围受限制，营养缺乏，也会导致树木生长不良。

（6）人为损害

由于各种原因，在树下乱堆东西（如建筑材料——水泥、石灰、沙子等），特别是水泥、石灰等，堆放不久，树木就会生长不良，甚至死亡。有的还在树上乱画、乱刻、乱钉钉子，使树体受到严重破坏。此外，人流及对外进出口的增加，引起病虫害的传播也随之增加，据调查，松干蚧是由木材进出口而带入国内的。游人有时也会无意识地带入病虫害，如烟草病毒可随卷烟传播等。

（7）病虫害

关于病虫害一般人都能理解其危害性，但往往因树体高大，防治困难而失管，或因防治失当而造成更大的危害。如苏州洞庭西山一株古罗汉松，因白蚁危害而施用高浓度农药，致使古树因药害而死亡。所以用药要谨慎，并应加强综合防治以增强树势。同时，防治病虫害应掌握“治早、治小、治了”的原则。

(8) 自然灾害

雷击雹打，雨涝风折，都会大大削弱树势。如苏州明庙的一株大银杏树便因雷击而烧伤半株。台风伴随暴雨的危害就更为严重，苏州 6214 号台风阵风 12 级以上，过程性降雨达 413.9 mm，拙政园内许多大树被风折、甚至被刮倒。这些情况都严重影响了大树的生长。

此外，空气和环境污染等也能削弱树木的生长势，因此在实践中，应针对不同的情况，采取有效措施，促进大树健康茁壮地生长。

6.10.2.2 树木复壮措施

移植树木的复壮措施涉及地下和地上两部分。地下复壮措施包括树木生长的立地条件的改善，树木根系活力诱导，通过地下系统工程创造适宜大树根系生长的营养物质条件，土壤含水通气条件，并施用植物生长调节剂，诱导根系发育；地上复壮措施以树体管理为主，包括树体修剪、修补、靠接、树干损伤处理、填洞、叶面施肥及病虫害防治。

(1) 地下复壮措施

地下部分复壮目标是促使根系生长，可以做到的措施是土壤管理和增施肥料及激素。

(2) 土壤管理

①深耕松土。操作范围应比树冠宽大，深度要求在 40 cm 以上。园林假山上不能深耕时，要观察根系走向，用松土结合客土、覆土保护根系。

②开挖土壤通气孔。在大树树林中，挖深 1 m，四壁用砖砌成 40 cm × 40 cm的孔洞，上覆水泥盖，盖上铺浅土并植草。

③地面铺梯形砖和草皮。

④加塑料。深耕松土时埋入聚苯乙烯发泡塑料（可利用包装用的废料），撕成乒乓球大小，按 15% ~ 20% 的比例拌入土中，以埋入土中不露出土面为度。聚苯乙烯分子结构稳定，目前无分解它的微生物，故不会刺激根系。渗入土中后土壤密度减轻，气相比例提高，有利于根系生长。复壮效果十分理想，又具有操作方便，费用低等优点。

⑤挖壕沟。一些大树，由于所在地理位置不同不易截留水分，常受旱灾，可以在上方距树 10 m 左右处的缓坡地段沿等高线挖水平沟壕，深至风化的岩层，平均为 1.5 m，宽为 2 ~ 3 m，长为 7.5 m，向外沿翻土，筑成截留雨水的土坝，底层填入嫩枝、杂草、树叶等，拌以表土。

⑥换土。树木长期生长在同一地点，土壤里面养分有限，有时会呈现缺肥

症状；再加上人为踩踏，透气不良，排水也不好，对根系生长极为不利，因此呈现大树地上部分日益萎缩的状态。为促进树木的复壮，可以采用换土的方法。具体做法是在树冠投影范围内，对大的主根部分进行换土。换土时挖深0.5 m（随时将暴露出来的根用浸湿的草袋子盖上），以原来的旧土与沙土、腐叶土、大粪、锯末、少量化肥混合均匀之后填埋其上。

如果排水不良，在树冠外围可挖深达2 m以上的排水沟，下层填以大卵石，中层填以碎石和粗沙，上面填以细沙和园土填平，使排水通畅。

（3）增施肥料、改善营养

为使树木生长良好，枝叶茂密，施肥是重要措施之一。有计划地施一些有机肥料可改良土壤结构，提高土壤有机质含量，形成土壤团粒结构，使土壤疏松，改变土壤的酸碱度，增进土壤肥力。

施肥方法可采用：

①面施法。将根部表土疏松后，把肥料施在地表，让其自然渗入土中。

②穴施法。在树冠垂直投影外缘处挖若干个分布均匀的施肥穴，施肥后盖土。

③沟施法：

直接施用。以树冠的垂直投影画一圆圈，挖一深20～30 cm，宽20～30 cm的环状沟，将肥料施入沟内，并覆上土。以N，P，K混合肥为主。施入量按1m沟长，撒施尿素250 g，磷酸二氢钾125 g。每年共施肥两次，一次于3月底，另一次于6月底。经观察，施N，P，K混合肥的根生长量远大于仅施N肥的根生长量，因此全面营养有利于树木的复壮。

④根部混施生根灵。以树干为中心，在半径7 m的圆弧上，挖长0.6 m，宽0.6 m，深0.3 m的坑穴，穴距5～8 m，施腐熟肥15 kg和腐熟肥15 kg加生根灵（根据所购药品说明选择浓度），均有利于根系生长，但施用效果后者优于前者。

⑤施用植物生长调节剂。给植物根部施用一定浓度的植物生长调节剂，如细胞分裂素等，有延缓植物衰老的作用，其最佳浓度尚待进一步研究。

以上施肥方法中沟施法和穴施法既有利于环境卫生，又可保证施肥质量，适合在城市使用。新栽树木在2～3年内，每年应施肥三次。第一次在冬季树木休眠或发芽前，第二次在五月中旬，第三次在八月下旬。在树木生长季节施肥应注意：要选择天气晴朗、土壤干燥时施肥。施用的肥料必须充分腐熟，并用水稀释后方可施用。由于树木根系吸收养料和水分全在须根部位，因此施肥要在根部的四周，不要靠近树干。

（4）地上部分复壮措施

地上部分的复壮，是指对树木树干、枝叶等的保护并促其生长，这是整体复壮的重要方面，但不能孤立地不考虑根系的复壮。

支架支撑。树木由于树冠较大，树体易受狂风暴雨袭击而摇动，从而造成树体倾斜，新生根系易拉断，从而影响树木的生长。因此，需用他物进行支撑。

合理修剪。根据树木生长状况和需要进行合理修剪。有些枝叶可能感染了病虫害，有些无用枝过多耗费了营养，都应及时进行修剪。同时，有些树木在移栽时可能带有许多花芽，开花以后会消耗大量的养分和水分，因此，必要时，也要及时进行疏花、疏果处理。

7 城市绿地景观树木的抚育

城市绿地分布在城区内的各个地段，与道路、广场、居民区紧密相连，城市绿地的土壤情况和大气环境质量都相对较差。要想提高城市绿地的景观植物成活率和生长势，首先要在土壤上进行科学管理。

7.1 土壤管理与施肥

在城市绿地中，栽植景观植物必须十分重视对土壤的科学管理，才能为城市绿化连续不断的抚育绿地内的景观树木。

如果城市绿地内土壤过于贫瘠，抚育管理不合理，往往使植物生长不良或抗性减弱，甚至发生大面积病虫害或死亡。合理施肥能提高苗木质量和景观效果，增强植物抗性，使绿地内植物生长健壮。

7.1.1 土壤管理

土壤是由土粒、空气和水分三个部分组成的，此三种不同成分（固态、气态、液态）的比例关系称为土壤“三相比”，土壤三相比影响土壤的物理特性。另外，土壤中的有机质、微生物和各种矿物质则影响土壤的化学特性。

7.1.1.1 土壤管理对土壤物质的关系

相同结构的土壤在不同的耕作制度下，可以产生不同的土壤特性，从而使作物产量悬殊。也就是说，好的土壤如管理不善，其物理、化学特性将越来越坏。

7.1.1.2 城市绿地的施肥

（1）施肥在植物生长中的重要性

植物的生长，除了需要充足的阳光、CO_2 和适宜的温度外，还必须有足够的水分和养分。植物在整个生长发育过程中，需要不断地从外界吸收各种养料来维持生活和生长。根据对植物进行的化学分析和栽培试验表明，植物吸收的化学元素有六七十种之多，其中一些元素在植物体内含量比较多，称为大量元素，包括碳、氢、氧、氮、磷、钾、钙、硫、镁、铁等。不论大量元素还是微量元素，对苗木的生长都是不可缺少的，故都称为营养元素。

在这些元素中，碳、氢、氧是组成植物的重要元素，一般占植物总量的95%以上。碳和氧是由大气中的 CO_2 所提供，通过气孔或呼吸孔进入叶内。氢是从水里取得，通过根将水传导到叶内。这三种元素通过叶中的叶绿素，从太阳中获得能量制造出碳水化合物。

植物所需要的营养元素需从土壤中得到，其中主要是氮、磷、钾三元素。这三种元素植物需要量较大，而一般土壤中又比较缺乏，因此必须通过人工施肥的办法补充。除三要素外，对植物生长所需的其他微量元素也必须同样重视，才能保证植物茁壮生长。肥料三要素对植物生长的主要作用为：

氮：是植物生命基础的蛋白质中不可缺少的一种元素，其含量为16%～18%。在其他条件良好的情况下，氮素充足可使植物茎叶生长茂盛，根系发育好，生长量大。

磷：存在于植物细胞核的蛋白中，磷素能促进植物多发根和提前成熟，并使种子饱满，缺磷时，幼苗和根生长缓慢。

钾：存在于植物细胞液中，钾素充足，植物茎秆健壮，花芽分化好，花期延长，增强抗性。如钾素不足，则茎干软弱，易发生病虫害。

此三要素对植物生长的影响互为因果，因此在进行绿化栽植时，应十分注意合理搭配氮、磷、钾的比例，并配合有效的种植措施，才能充分发挥肥料的作用。

（2）有关施肥的几个问题

施肥的时期：植物施肥与农作物施肥有所不同，植物是多年生，因此它有很大的连续性，一般在芽开始膨胀前根系就已开始活动，并对肥料进行吸收。因此春季施肥越晚，根和苗顶生长所得到的养分就越少。到秋季苗木进入休眠期后的一段时间内，其根系极易吸收营养。为第二年春季生长积累营养。根据以上植物吸收营养的特点，留床苗、春季施肥应尽量提早，以提高肥效；而秋季施肥则应晚施，以免苗徒长，不利于越冬。

施肥的位置：肥料必须施在根系能吸收的地方。施肥的位置需按能吸收营养的根系分布位置决定。一般树木的吸收根的分布，可超过树冠范围的1.5～3倍。应在这个范围外施肥，以使根系不断扩展，增加吸收面。

关于绿肥：城市绿地中的景观植物要健壮生长，补充绿肥是至关重要的，我国绿肥植物种类很多，其中豆科绿肥是最廉价的氮素来源，其根瘤苗能把空气中的氮固定到土壤里，供给苗木吸收利用。又因其枝叶繁茂多汁，根系庞大翻入地中后，可大量增加土壤有机质，改善土壤结构和理化性质。

叶面追肥：叶面追肥是将苗木所需的养分配成营养液，喷撒于植物叶面上，使之吸收的一种施肥方法。此种方法操作简单，见效快，是植物生长期中一种有效的施肥方法。

适宜的叶面追肥时间是傍晚前或阴天。

叶面追肥可以用单一的氮素，也可以和磷钾几种元素混合施用。

叶面追肥营养液的总浓度一般要在0.25%（即2 500 μg/g）以下。为了节省工时，叶面追肥的营养液也可与某些农药混合喷施，但要随配随用，以免损失肥效。

7.2 松土除杂

7.2.1 疏松土壤

疏松土壤，尤其是草坪的疏土，有利于改善土壤的理化性质，有利于景观植物的生长，特别是早春疏松土壤，对植物早春的生长作用更大。

7.2.2 除杂草

城市绿地中的杂草对绿地中的草坪危害最大，如果除杂不及时，北方地区一个生长季就能使好草坪破坏掉，因此在城市绿地抚育管理中，除杂是很重要的一个工作环节。

除杂草的时间，北方地区一般春季干旱，杂草生长比较慢，夏季由于雨水充足，杂草长势旺盛，此时是控制杂草的关键时期；一般每月 2 ~ 3 次，立秋之后除杂草的次数可以适当减少，尤其是树木周围的杂草一定要除净。

7.2.3 浇水

浇水时间：北方地区 4 ~ 6 月上旬是干旱季节，也是植物发育旺盛时期，需水量较大。在这个阶段，一般需要浇水 4 ~ 5 次才能满足植物生长对水分的要求。

6 月中旬 ~ 8 月，是北方地区的雨季，本阶段降水较多，空气湿度大，一般情况下不需要再灌水。

9 ~ 10 月是北方的秋季，此阶段的苗木生长还在继续，充分木质化，增加抗性，准备越冬。因此在大多数情况下不再浇水，以免徒长，但如过于干旱，也可适量灌溉，以保证苗木不会因过于缺水而蔫萎。

浇水量：不同土壤结构的浇水量有明显的差异，较黏重的土壤保水力强，烧水次数和浇水量应适当减少。含砂量较大的土壤保水力差，浇水量和浇水次数应适当增加。由于东北地区的冬季气候干燥，有些景观树木易出现梢条现象，为了避免出现上述现象，除入冬前要浇足封冻水外，早春三月份应提前灌春水，防止春旱影响植物的生长。

7.3 景观植物的修剪

7.3.1 修剪造型的目的

对景观植物进行修剪造型，是根据植物自身特点，结合景观的需要人工实施的一种措施。通过调整枝条方位、稀疏密挤枝条，使通风透光，加强光合作用，并可减少病虫害，从而达到生长快、树干直、树形美观的目的，增添植物的整体美。

7.3.2 修剪的生理作用

树木在自然生长的情况下，树体各部分经常保持着一定的平衡。修剪以后树体原来的平衡关系被打破，从而引起地上部与地下部、整体与局部之间发生变化。

修剪的对象是枝条，但其作用范围并不局限于枝条本身，同时也对树木整体产生影响。如内膛细弱枝，对营养积累少，而中等长势的枝条积累营养物质多，但强壮的徒长枝因本身生长量大，一般消耗营养多，易发生争夺养分和水分的现象。

7.3.3 修剪时期

7.3.3.1 冬季修剪

自秋季落叶后至春季发芽前（一般12月~翌年2月）进行的修剪，称为冬季修剪。凡是修剪量较大的树木、整形、截干、缩剪、更新等修剪，都应冬季修剪，以免影响树势生长。例如葡萄，在发芽前修剪易形成伤流，故须在落叶后防寒前修剪；核桃、元宝枫等树种进行冬季修剪也容易发生伤流，可在发芽后再行修剪。

7.3.3.2 夏季修剪

自春季发芽后至停止生长前（4月~10月），都称为夏季修剪。夏季修剪主要是摘除蘖芽，调整各主枝方位，疏剪过密枝条、摘心或环剥捻梢等作业，以起到调整树势的作用。

7.4 城市绿地病虫害防治

城市绿地要想树木长势旺，必须加强苗木的病虫害防治，否则就会影响树木质量。

7.4.1 病虫害的综合防治

综合防治是病虫害防治的根本原则，要根据各种病虫害的发生规律，抓住防治最有效的时机，采用各种综合防治办法，消灭或控制住病虫害的发生。

综合防治还包括交替使用几种有效药剂，因为有些病虫害，不能连续使用一种药，否则会产生一定的抗药性。

综合防治还包括化学防治和生物防治两种方法的交替使用。生物防治是以菌治虫，“以虫治虫”，不污染环境，害虫不会产生抗性。但目前单靠生物防治效果不理想，有些虫害还缺乏生物防治的办法，如与化学防治相结合，就可提高效果。

治早、治小是也消灭病虫害的重要原则。

7.4.2 防重于治防治结合

防重于治，是植保工作的另一重要原则。过去总有一种观点认为虫害只能治，不能防，有些虫害是可以防治的，如地下害虫蛴螬，是城市绿地一大毁灭性虫害，一旦发生，将造成树木大量死亡。因此应采取土壤消毒，撒施毒饵等办法加以预防。

7.5 城市绿地常见病虫害

城市绿地病虫害种类很多，可分虫害和病害两大类。

7.5.1 虫害

可分为食叶害虫，如天社蛾，槐尺蠖等。食汁液害虫（刺吸式），如红蜘蛛、介壳虫等。蛀干害虫如透翅蛾、松梢螟蛾等。

7.5.2 病害

树干病害如杨柳腐烂病，叶部病虫害如锈病、褐斑病等。根部病害如柴纹羽病、根癌等。生理病害有由于土壤物理性引起的病害、土壤化学性引起的病害和由于生理失调引起的病害等。

7.6 防治病虫害应注意的几个问题

7.6.1 掌握病虫发生规律

在防治病虫害时，除要确定防治对象种类外，要熟悉防治对象的生活规律，通过破坏其生活规律，也能达到防治目的，既可事半功倍，又不污染环境。

7.6.2 了解使用药品的性质

施药时操作人员对选用药剂的性质、产地、含量、保管质量以及施用方法，最适浓度及对人体安全等情况都要熟悉，以便科学地施用。

7.6.3 加强劳动保护工作

参加施药的作业人员，必须身体健康，对孕妇、患皮肤病、有外伤或高血压病以及经期哺乳期的妇女，都不要参加喷药工作。要做好一切安全防护措施，事前要进行喷药机械的检修，以免对人身造成不必要的危害。

7.6.4 建立专业的防治队伍

病虫害防治工作是一项技术性较强的工作，同时对有些虫害现在还没有最有效的办法，因此除要有一定的专业组织和专业知识进行科学防治外，对一些疑难病虫害要积极开始研究工作。

7.7 树木的检疫

为了防止危险性病虫害随着树木的调运传播蔓延，对输出、输入树木的检疫工作是十分必要的，也是消灭病虫害的一种重要措施。

为了避免病虫害的传播，除对“检疫对象”的病虫害加以控制外，有条件时，在苗木进城前最好进行全面消毒，以控制病虫害的扩大和蔓延。消毒的方法，可用药剂浸渍、喷洒或熏蒸。一般用的杀菌剂有石硫合剂，波尔多液，甲醛，石碳酸等。

8　东北地区耐寒景观树种分类

8.1　中国主要城市园林植物区划

8.1.1　分区的原则及各区界线

根据中国植物区划，结合我国主要城市的分布状况，将全国划分为 11 个大区，各区界线如下：

Ⅰ区：包括 120°20′E（黑河附近）以西，49°20′N（牙克石附近）以北的大兴安岭北部及其支脉伊勒呼里山的山地，含黑龙江及内蒙古北部地区。

Ⅱ区：包括东北平原以北，山东的广阔山地，南端以丹东至沈阳一线为界，北部延至黑龙江南部的小兴安岭山地，在地理上位于 40°15′～50°26′N，126°135′E。

Ⅲ区：东北界约以沈阳丹东一线与Ⅱ区为邻；北接Ⅸ区，其界线自开原向西，大致经彰武、阜新至河北省围场，沿坝上的南缘通过山西省恒山北坡到兴县，过黄河进入陕西省吴堡、清涧、安寨、志丹等地，沿子午岭西坡至甘肃省平凉南端；南界与Ⅳ区相邻，由胶东半岛的胶莱河口向西沿鲁中、南山地、丘陵北缘至济南附近，再沿黄河到聊城地区南部，经河北省滋县以南至太行山之浊漳河，然后向西南沿太行山分水岭到山西省运城盆地北沿，再通过陕西省陕北高原南缘，最后沿西秦岭北坡山麓与Ⅸ区南界相接。

Ⅳ区：北接Ⅲ区南界；南与Ⅴ区相接，自甘肃省平凉至天水，再向西南经礼县到武都，此线以西为青藏高原；从武都进入陕西省后，即沿秦岭山脊分水岭向东到河南省伏牛山主脉南麓，再沿淮河主流经安徽凤台、蚌埠到江苏省的蒋坝、盐城之后至黄海之滨。

Ⅴ区：北界沿秦岭分水岭，东至伏牛山主脉南侧，转向东南，沿淮河主流，通过洪泽湖南缘，经苏北灌溉总渠至黄海，南界沿大巴山脉分水岭向东南，到神农架南坡，经京山、黄陂、桐城一线到长江南岸的铜陵，沿宣郎广丘陵、宜溧山北缘，太湖边，到无锡、昆山，从崇明、横沙岛之间通过；西界在松潘附近；东以黄海边为界。全区包括江苏、安徽、河南、湖北、陕西及甘肃等六省的部分地区。

Ⅵ区：北接Ⅴ区南界，南界东自三沙湾——飞鸾起，经戴云山至永定，达广东龙川、怀集，广西柳州，到贵州罗甸、望谟一线，沿南盘江北面山原，经曲溪、新平、景东、凤庆、保山至泸水一线。东起长江口南岸，经太湖北缘、皖南丘陵，过江北的菜子湖，沿长江北岸的黄陂、应城到神农架南坡，越过大巴山山脊，止于松潘附近，西至川西高原南缘。

Ⅶ区：东起至台湾岛中北部及其附属海岛，经福建南部，广东至广西的中部，贵州的西南部，云南的中南部，北回归线从本区通过。

Ⅷ区：东起 123°E 附近的台湾省静浦以南，西至 85°E 的西藏南部亚东、聂拉木附近，北界蜿蜒于 21°～24°N 之间，南端处于 4°N 附近，包括台湾、广东、广西、云南和西藏等五省区的南部。

Ⅸ区：包括松辽平原、内蒙古高原、黄土高原的大部分地区和新疆北部的阿尔泰山区。

Ⅹ区；包括新疆维吾尔自治区的准噶尔盆地与塔里木盆地、青海省的柴达木盆地，甘肃省与宁夏回族自治区北部的阿拉善高平原，以及内蒙古自治区鄂尔多斯台地西端，在 36°N 以北，108°E 以西的地区。

Ⅺ区：青藏高原，约在 28°～37°N，75°～103°E。

8.1.2 区划名称及各区主要代表城市

区域代号及名称	区域内主要城市
Ⅰ寒温带针叶林区	漠河、黑河
Ⅱ温带针阔叶混交林区	哈尔滨、牡丹江、鹤岗、鸡西、双鸭山、伊春、佳木斯、长春、四平、延吉、抚顺、铁岭、本溪
Ⅲ北部暖温带落叶阔叶林区	沈阳、葫芦岛、大连、丹东、鞍山、辽阳、锦州、营口、盘锦、北京、天津*、太原、临汾、长治、石家庄、秦皇岛、保定、唐山、邯郸、邢台、承德、济南、德州*、延安、宝鸡、天水
Ⅳ南部暖温带落叶阔叶林区	青岛、烟台、日照、威海、济宁、泰安、淄博、潍坊、枣庄、临沂、莱芜、东营*、新泰、滕州、郑州、洛阳、开封、新乡、焦作、安阳、西安、咸阳、徐州、连云港*、盐城、淮北、蚌埠、韩城、铜川
Ⅴ北亚热带落叶，常绿阔叶林区	南京、扬州、镇江、南通、常州、无锡、苏州、合肥、芜湖、安庆、淮南、襄樊、十堰
Ⅵ中亚热带落叶、落叶阔叶林区林区	武汉、沙市、黄石、宜昌、南昌、景德镇、九江、吉安、井冈山、赣州、上海、长沙、株洲、岳阳、怀化、吉首、常德、湘潭、衡阳、邵阳、郴州、桂林、韶关、梅州、三明、南平、杭州、温州、金华、宁波、重庆、成都、都江堰、绵阳、内江、乐山、自贡、攀枝花、贵阳、遵义、六盘水、安顺、昆明、大理

区域代号名称	区域内主要城市
Ⅶ南亚热带常绿阔叶林区	福州、厦门、泉州、漳州、广州、佛山、顺德、东莞、惠州、汕头、台北、柳州、桂平、个旧
Ⅷ热带季雨林及雨林区	海口、三亚、琼海、高雄、台南、深圳、湛江、中山、珠海、澳门、香港、南宁、钦州、北海、茂名、景洪
Ⅸ温带草原区	兰州、平凉、阿勒泰、海拉尔、满洲里、齐齐哈尔、阜新、肇东、大庆*、西宁、银川、通辽、榆林、呼和浩特、包头、张家口、集宁、赤峰、大同、锡兰浩特
Ⅹ温带荒漠区	乌鲁木齐*、石河子、克拉玛依*、哈密喀什、武威、酒泉、玉门、嘉峪关、格尔木、库尔勒、金昌、乌海
Ⅺ青藏高原高寒植被区	拉萨、日喀则、

注：标*的城市为土壤盐碱化较重的城市，选择园林植物应注意其耐盐碱性。

8.1.3　中国城市园林植物区划示意图（如图8－1所示）

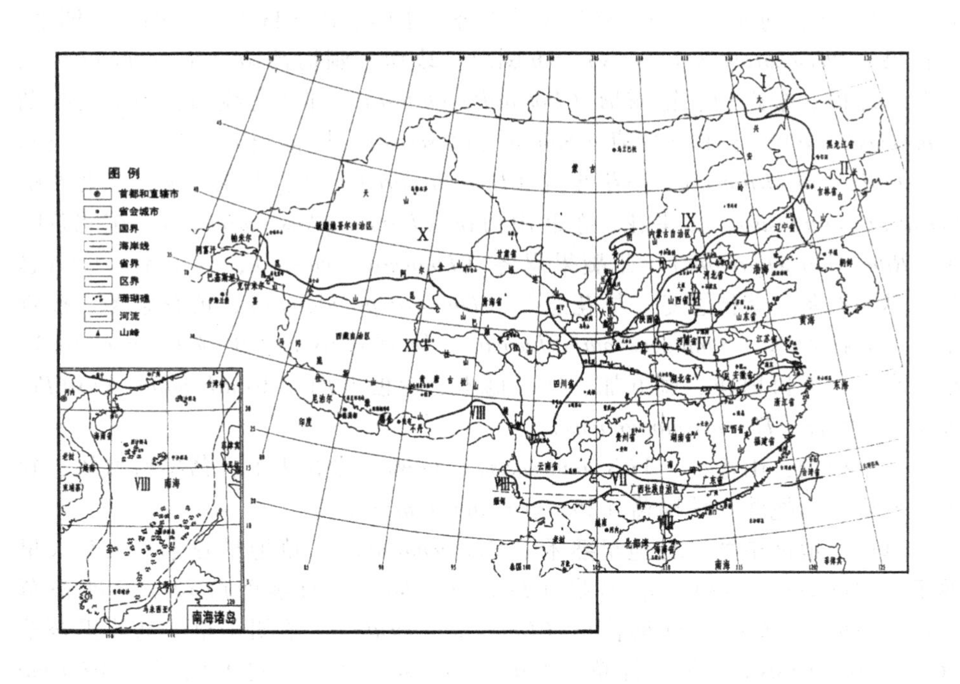

图8－1　中国城市园林植物区划示意图

8.1.4 主要区划代表城市常用园林植物及人工配置植物群落

8.1.4.1 Ⅱ区代表城市哈尔滨

常绿乔木及小乔木：樟子松、长白松（*Pinus sylvestriformis*）、红松、黑皮油松（*Pinus tabulaeformis* var. *mukdensis*）、丹东桧、紫杉、红皮云杉、青杄、白杄、鱼鳞云杉（*Picea jezoensis*）、臭冷杉、辽东冷杉、长白侧柏、杜松。

落叶乔木及小乔木：兴安落叶松、长白落叶松（*Larix olgensis*）、旱柳、粉枝柳（*Salix rorida*）、银白杨、紫椴、糠椴、榆、垂枝榆、大果榆、春榆、裂叶榆（*Ulmus laciniata*）、毛赤杨、风桦、白桦、糖槭、五角枫、青楷槭（*Acer tegmentosum*）、花楷槭（*Acer ukurunduense*）、水曲柳、花曲柳、黄檗、核桃楸、青杨、香杨、山杨、山槐、水榆花楸、花楸（*Sorbus pohuashanensis*）、山梨（*Pyrus ussuriensis*）、东北杏（*Prunus mandshurica*）、杏、山桃稠李、稠李、山荆子、茶条槭。

常绿灌木：偃松、偃柏、天山圆柏、兴安桧（*Sabina davurica*）、矮紫杉、沙地柏。

落叶灌木：东北连翘（*Forsythia mandshurica*）、卵叶连翘（*Forsythia ovata*）、欧丁香、匈牙利丁香、喜马拉雅丁香、水腊、偃伏梾木、红瑞木、郁李、风箱果（*Physocarpus amurensis*）、黄刺玫、玫瑰、刺梅蔷薇（*Rosa davurica*）、东北珍珠梅、金露梅、银露梅（*Potentilla glabra*）、柳叶绣线菊、绢毛绣线菊（*Spiraeasericea*）、土庄绣线菊（*Spiraea pubescens*）、树锦鸡儿、胡枝子、花木蓝（*Indigofera kirilowii*）、小花溲疏（*Deutzia parviflora*）、大花溲疏、东北溲疏（*Deutzia amurensis*）、太平花、东北山梅花（*Philadelphus schrenkii*）、东北茶□子（*Ribes manschuricum*）、蓝靛果忍冬（*Lonicera coemlea*）、金银木、长白忍冬、鞑靼忍冬、紫枝忍冬、早花忍冬（*Lonicera praeflorens*）、黄花忍冬、接骨木、东北接骨木（*Sambucus mandshurica*）、阿穆尔小檗（*Berberis amurensis*）、细叶小檗、天目琼花、刺五加、辽东楤木、短梗五加（*Acanthopanax sessiliflorus*）、百里香（*Thymus mongolicus*）

藤本植物：山葡萄（*Vitis amurensis*）、杠柳、北五味子、葛枣猕猴桃、软枣猕猴桃、南蛇藤、蝙蝠葛（*Menispermum dauricum*）

草坪及地被植物：林地早熟禾（*Poa nemoralis*）、草地早熟禾、加拿大早熟禾（*Poa compressa*）、紫羊茅（*Festuca rubra*）、匍茎剪股颖、异穗苔草（*Carex heterostachya*）、卵穗苔草（*Carex duriuscula*）、羊胡子草、乌苏里苔草（*Carex ussuriensis*）、宽叶苔草（*Carex siderosticta*）、东北天南星（*Arisaema amurense*）、白三叶、连钱草、石竹（*Dianthus chinensis*）、侧金盏花（*Adonis amurensis*）、山芍药（*Paeonia obovata*）、落新妇（*Astilbe chinese*）、耧斗菜

(*Aquilegia vulgaris*)、歪头菜（*Vicia unijuga*）、一枝黄花（*Solidago canadensis*）、燕子花（*Iris laevigata*）、铃兰（*Convallaria majalis*）

植物群落示例：

①红松+白桦+山杨—矮紫杉+偃松+欧丁香+东北连翘—燕子花+铃兰。

②糠椴+紫椴+黄檗—矮紫杉+天目琼花+红瑞木—白三叶。

③糖槭+紫椴+水曲柳—水榆花楸+红皮云杉+刺五加—东北珍珠梅+偃伏梾木+东北接骨木—连钱草。

④春榆+樟子松+白桦—黄花忍冬+柳叶绣线菊+胡枝子—山芍药+一枝黄花+羊胡子草。

⑤红松+旱柳+毛赤杨—花楷槭+花楸+青楷槭—珍珠梅+东北山梅花+小花溲疏—宽叶苔草+歪头菜+落新妇。

8.1.4.2 Ⅲ区代表城市北京

常绿乔木及小乔木：油松、白皮松、乔松、华山松、辽东冷杉、臭冷杉、白扦、青扦、红皮云杉、侧柏、桧柏、龙柏、雪松、杜松

落叶乔木及小乔木：银杏、毛白杨、钻天杨、河北杨、泡桐、旱柳、馒头柳、绦柳、合欢、国槐、刺槐、红花刺槐、皂荚、山皂荚、洋白蜡、臭椿、千头椿（*Ailanthus altissima* cv. Qiantou）、悬铃木、梧桐、栾树、板栗、槲栎、栓皮栎、蒙椴、糠椴、君迁子、柿树、元宝枫、杜仲、丝棉木、火炬树、小叶朴、核桃、榆、桑、玉兰、二乔玉兰、杏、枣树、杜梨、楸树、梓树、桂香柳、暴马丁香、龙爪槐、海棠花、山楂、西府海棠、紫叶李、白梨、山桃、碧桃、文冠果。

常绿灌木：沙地柏、大叶黄杨、矮紫杉、朝鲜黄杨、小叶黄杨、铺地柏

落叶灌木：糯米条、金银木、锦带花、太平花、平枝栒子、水栒子、香荚蒾、金露梅、银露梅（*Potentilla glabra*）、珍珠梅、贴梗海棠、白玉棠、毛樱桃、榆叶梅、黄刺玫、玫瑰、大花溲疏、菱叶绣线菊、麻叶绣球、粉花绣线菊、紫叶小檗、腊梅、牡丹、连翘、丁香、迎春、太平花、小花溲疏（*Deutziaparviflora*）、枸杞、胡枝子、锦鸡儿、紫薇、红瑞木、紫荆、石榴、金叶女贞、小叶女贞、雪柳、接骨木。

藤本植物：山荞麦（*Polygonum auberti*）、蛇葡萄（*Vitis amurensis*）、葡萄、中国地锦、美国地锦、紫藤、藤本月季、粉团蔷薇（*Rosa multiflora* var. *cathayensis*）、花旗藤、十姐妹、多花蔷薇、南蛇藤、扶芳藤、胶东卫矛、三叶木通、蝙蝠葛、台尔曼忍冬、金银花、美国凌霄。

草坪及地被植物：野牛草、中华结缕草（*Zoysia ninica*）、日本结缕草、紫

羊茅（*Festuca rubra*）、羊茅、苇状羊茅（*Festuca arundinacea*）、林地早熟禾（*Poa nemoralis*）、草地早熟禾、加拿大早熟禾（*Poa compressa*）、早熟禾（*Poa annua*）、小糠草（*Agrostis alba*）、匍茎剪股颖、羊胡子草、白三叶、鸢尾、萱草、玉簪、麦冬、二月兰、马蔺（*Iris ensata*）、紫花地丁（*Viola chinesis*）、蛇莓（*Duchesnea indica*）、蒲公英（*Taraxacum mongolicum*）

植物群落示例：

1. 绦柳—白杄+青杄—矮紫杉+大叶黄杨球+棣棠+紫藤—崂峪苔草
2. 河北杨+油松—金银木+珍珠梅—羊胡子草
3. 桧柏—太平花+接骨木—萱草
4. 油松—紫丁香+白玉棠—剪股颖
5. 榆树—小花溲疏+猬实—二月兰+丹麦草
6. 臭椿—胡枝子+红瑞木—玉簪
7. 刺槐—棣棠+紫珠—二月兰
8. 栾树—天目琼花+糯米条—鸢尾
9. 泡桐—柳叶绣线菊+连翘—白三叶

8.2 东北地区常用木本园林景观植物性状表

8.2.1 生态性状

8.2.1.1 耐阴树种

华山松、红松、青杄、白杄、云杉、红皮云杉、辽东云杉、臭冷杉、日本冷杉、柳杉、杉木、日本金松、日本花柏、刺柏、香柏、红豆杉、罗汉松、天女花、广玉兰、夜合欢、鹅耳枥、千斤榆、朴树、小叶朴、榉树、米仔兰、北五味子、南五味子、黄连木、茶条槭、元宝枫、假色槭、五角枫、黄栌、青楷槭、三角枫、金钱槭、美国凌霄、凌霄、紫藤、常春油麻藤、海南红豆、香茶藨子、山楂、毛樱桃、山桃稠李、稠李、珍珠梅、麻叶绣球、菱叶绣线菊、石楠、水榆花楸、南蛇藤、爬行卫矛、胶东卫矛、扶芳藤、大叶黄杨、鼠李、三叶木通、木通、紫椴、蒙椴、糠椴、南京椴、香樟、红楠、大叶楠、木姜子、紫楠、香叶树、胡颓子、山茶、茶梅、茶、云南山茶、铁冬青、冬青、苦丁茶、龟甲冬青、朝鲜黄杨、小叶黄杨、华南黄杨、红瑞木、刺楸、紫丁香、红丁香、四川丁香、关东丁香、欧丁香、水蜡、女贞、枸杞、金银花、美丽忍冬、黄花忍冬、金银木、紫枝忍冬、长白忍冬、桃色忍冬、藏花忍冬、台尔曼忍冬、盘叶忍冬、天目琼花、木本绣球、珊瑚树、木芙蓉、金丝桃、铁线莲、小檗、假连翘、紫薇、无花果、大花溲疏、溲疏、太平花、东陵八仙花、圆锥绣球、山梅花、白鹃梅、接骨木、香荚蒾、荚蒾、早锦带花、白锦带花、五叶地锦、海桐、鹅掌柴、锦锈杜鹃、杜鹃、满山红、比利时杜鹃、石岩杜鹃、黄花夹竹桃（*Thevetia peruviana*）、鸡蛋花、长春蔓、

8.2.1.2　阴性树种

偃松、东北红豆杉、矮紫杉、中国地锦、阔叶十大功劳、十大功劳、红背桂、中华常春藤、常春藤、八角金盘、鹅掌藤、络石、六月雪

8.2.1.3　抗旱树种

雪松、黑松、马尾松、赤松、樟子松、油松、乔松、白皮松、云杉、红皮云杉、侧柏、圆柏、千头柏、丹东桧、偃柏、沙地柏、柏木、龙柏、杜松、天山圆柏、广玉兰、核桃、麻栎、白栎（*Quercus fabri*）、小叶栎、栓皮栎、辽东栎、石栎、板栗、槲栎、榔榆、银白杨、新疆杨、响叶杨、毛白杨、小叶杨、箭杆杨、河北杨、钻天杨、青杨、小青杨、胡杨、山杨、垂柳、旱柳、龙爪柳、馒头柳、绦柳、杞柳、大果榆、榔榆、榆树、圆冠榆、垂枝榆、榉树、小叶朴、朴树、黄连木、盐肤木、黄栌、火炬树、楸叶泡桐、楸树、刺桐、合欢、紫檀、紫穗槐、锦鸡儿、树锦鸡儿、金雀锦鸡儿、小叶锦鸡儿、胡枝子、多花胡枝子、刺槐、皂荚、山皂荚、紫荆、江南槐、常春油麻藤、紫藤、黄槐、臭椿、檗、细叶小檗、山胡椒（*Lindera glauca*）、鸡桑、蒙桑、桑、无花果、辟荔、栾树、全缘栾树、文冠果、樟树、溲疏、山梅花、碧桃、山桃、白鹃梅、珍珠绣球、金焰绣线菊、火棘、多花栒子、甘肃山楂、山楂、金露梅、山荆子、海棠、西府海棠、杏、郁李、毛樱桃、榆叶梅、沙梨、杜梨、黄刺玫、梅、垂枝梅、玫瑰、多花蔷薇、十姐妹、腊梅、月桂、柽柳、枫香、红桑、石栗、胡颓子、沙枣、红瑞木、偃伏梾木、山茱萸、铁冬青、柿树、连翘、绒毛白蜡、什锦丁香、西蜀丁香、小叶丁香、蓝丁香、紫丁香、北京丁香、暴马丁香、波斯丁香、羽叶丁香、毛丁香、垂丝丁香、四川丁香、关东丁香、欧丁香、红丁香、荆条、五色梅、糯米条、黄花忍冬、长白忍冬、桃色忍冬、锦带花、花叶锦带花、白锦带花、美丽锦带花、香荚蒾、猬实、紫薇、大花紫薇、黄薇、木棉、灯笼花、木芙蓉。

8.2.1.4　耐水湿树种

落叶松、水杉、落羽杉、榕树、胡颓子、茶梅、枫杨、薄壳山核桃、钻天杨、滇杨、垂柳、旱柳、馒头柳、绦柳、河柳、龙爪柳、白柳、杞柳、榔榆、榉树、桑、赤杨、毛赤杨、白桦、紫穗槐、海棠果、西府海棠、湖北海棠、郁李、白梨、沙梨、杜梨、红瑞木、白蜡、绒毛白蜡、洋白蜡、水曲柳、多花蔷薇、十姐妹、栀子、悬铃木、紫藤、楝树、柿、葡萄、凌霄、雪柳、山胡椒、狭叶山胡椒（*Lindera angustifolia*）

8.2.1.5 耐盐碱树种

黑松、侧柏、木麻黄、柽柳、新疆杨、箭杆杨、钻天杨、胡杨、小叶杨、桑、杞柳、白柳、蒙古柳、旱柳、枸杞、楝树、大果榆、榆树、朴树、火炬树、毛泡桐、臭椿、刺槐、紫穗槐、皂荚、国槐、绒毛白蜡、杜梨、合欢、枣、杏、君迁子、金焰绣线菊、金山绣线菊、花红、海棠果、西府海棠。

8.2.1.6 抗污染树种

a. 抗 SO_2 树种

黑松、白皮松、铺地柏、桧柏、日本扁柏、日本花柏、龙柏、杜松、侧柏、辽东冷杉、罗汉松、紫杉、毛白杨、旱柳、垂柳、馒头柳、龙爪柳、银杏、核桃、榆树、大果榆、榉树、刺槐、国槐、龙爪槐、臭椿、白蜡、小叶白蜡、茶条槭、大叶朴、枫杨、香樟、黄檗、紫椴、锦带花、金银木、榆叶梅、稠李、苹果、沙枣、胡颓子、紫丁香、连翘、皂荚、构树、泡桐、柿树、紫穗槐、合欢、紫藤、花椒、锦熟黄杨、雀舌黄杨、大叶黄杨、金边黄杨、雪柳、杠柳、接骨木、欧洲绣球、金银花、凌霄、山茶花、油茶、桂花、法国梧桐(*Platanus orientalis*)、木芙蓉、棕榈、丝棉木、卫矛(*Euonymus alatus*)、枸骨、白栎(*Quercus fabri*)、蒙古栎(*Quercus mongolica*)、板栗、苦楝、榔榆、海桐、广玉兰、白玉兰、山玉兰、七叶树、垂丝海棠、紫叶李、长山核桃、腊梅、山荆子、郁李、枫香、鸡爪槭、樱花、桑、荚蒾、黄连木、枣树、木麻黄、麻楝、苦楝、芒果、黄花夹竹桃(*Thevetia peruviana*)、夹竹桃、含笑、鸡蛋花、木槿、黄槿、石栗、红背桂、海南红豆、九里香、栾树、女贞、梧桐、香樟、泡桐、油橄榄、石榴。

b. 抗 *HF* 树种

白皮松、樟子松、桧柏、龙柏、侧柏、黑松、银杏、龙爪柳、垂柳、旱柳、小青杨、河北杨、箭杆杨、小叶杨、国槐、刺槐、构树、臭椿、泡桐、紫薇、紫穗槐、接骨木、欧洲绣球、丝棉木、大叶黄杨、锦熟地杨、金银花、李、刺玫果、梨树、杜仲、女贞、北京丁香、栾树、核桃、糖槭、五角枫、白蜡、枣树、沙枣、悬铃木、青冈栎、麻栎、槲栎、棕榈、薄葵、梧桐、板栗、丝兰、广玉兰、海桐、无花果、桑、扶桑、米仔兰、九里香、山茶、重阳木、朴树、珊瑚树、苦楝、香樟、灯台树、榆树、花椒。

c. 抗 Cl_2 树种

白皮松、桧柏、侧柏、黑松、樟子松、红松、千头柏、龙柏、水杉、罗汉松、银杏、海桐、柽柳、杜仲、夹竹桃、石榴、毛白杨、小青杨、旱柳、垂柳、刺槐、皂荚、合欢、紫藤、海南红豆、紫穗槐、臭椿、广玉兰、榉树、枣树、鼠李、枫杨、核桃、锦熟黄杨、黄杨、假槟榔、蒲葵、棕榈、大叶黄杨、木麻黄、梧桐、悬铃木、泡桐、欧洲绣球、荚蒾、卫矛、白桦、九里香、樟叶槭、女贞、小叶女贞、白蜡、香樟、苦楝、栀子花、构树、无患子、重阳木、梓树、木槿、山茶。

d. 滞尘力强的树种

桧柏、龙柏、毛白杨、银杏、刺楸、刺槐、国槐、臭椿、腊梅、构树、重阳木、元宝枫、榆树、朴树、悬铃木、泡桐、榉树、广玉兰、梧桐、木槿、丁香、紫薇、锦带花、天目琼花。

8.3 观赏特性

8.3.1 观叶类

8.3.1.1 彩叶植物

日本花柏、金黄球柏、金塔柏、金孔雀柏、金边云片柏、紫叶李、紫叶桃、红叶石楠、紫叶矮樱、紫叶小檗、金叶小檗、紫叶黄栌、红桑、红枫、红羽毛枫、红花檵木、金叶女贞、金山绣线菊、金焰绣线菊、金心大叶黄杨、银边大叶黄杨、金边大叶黄杨、金叶洋槐、金叶三刺皂荚、金叶连翘、金叶接骨木、金叶山梅花、变叶木、洒金桃叶珊瑚、金叶红瑞木、花叶红瑞木、金叶榕、金叶假连翘、花叶锦带花、狗枣猕猴桃。

8.3.1.2 双色叶植物

银白杨、胡颓子、秋胡颓子、栓皮栎、杞柳、红背桂、银桦。

8.3.1.3 香叶植物

香樟、柠檬桉、松柏类、柑橘类（*Citrus* spp.）、香叶树、蒜香藤、臭檀、百里香。

8.3.1.4 秋色叶植物

水杉、落羽杉、池杉、落叶松、金钱松、鸡爪槭、元宝枫、五角枫、茶条槭、枫香、五叶地锦、复叶槭、拧筋槭、日本槭、青榨槭、三角枫、小檗、樱花、山楂、稠李、珍珠花、水榆花楸、花楸、漆树、盐肤木、火炬树、黄栌、黄连木、蒙椴、柿、臭檀、金花小檗、栓皮栎、槲栎、爬行卫矛、红瑞木、银杏、金缕梅、白蜡、大花紫薇、鹅掌楸、胡杨、旱柳、梧桐、榆树、大果榆、刺槐、美国皂荚、白桦、无患子、栾树、紫荆、悬铃木、胡桃、光叶榉、石榴、桑。

8.3.1.5 春色叶植物

山杨、河柳、鹅耳枥、臭椿、元宝枫、蒙椴、重阳木、栾树、香樟。

8.3.2 观花类

8.3.2.1 春花类

（1）白花系列

火棘、海桐、鹅掌楸、白玉兰、二乔玉兰、厚朴、凹叶厚朴、泡桐、刺槐、文冠果、白鹃梅、珍珠绣球、麻叶绣线菊、菱叶绣线菊、甘肃山楂、山楂、山荆子、海棠果、山桃稠李、郁李、苹果、稠李、李、东京樱花、白碧桃、白梨、沙梨、鸡麻、月季、杜梨、刺楸、白丁香、金银木、锦带花、香荚蒾、毛白杜鹃。

（2）红花系列

糖槭、刺桐、红花洋槐、紫荆、洋紫荆、贴梗海棠、花红、垂丝海棠、海棠花、日本晚樱、毛樱桃、杏、西府海棠、东京樱花、樱花、碧桃、山桃、榆叶梅、锦带花、美丽锦带花、早锦带花、杜鹃、满山红。

（3）黄花系列

鹅掌楸、扶桑、拧筋槭、元宝枫、锦鸡儿、黄槐、香茶藨子、黄刺玫、金缕梅、沙棘、刺五加、连翘、迎春、报春刺玫（*Rosa primula*）、黄蔷薇。

（4）蓝、紫花系列

二色茉莉、紫玉兰、毛泡桐、紫花文冠果、蓝丁香、紫丁香、关东丁香、欧丁香、紫藤、常春油麻藤、木通。

8.3.2.2 夏花类

（1）白花系列

白兰花、木莲、夜合花、广玉兰、九里香、金桔、狭叶火棘、茉莉、女贞、珊瑚树、香桃木、八角金盘、栀子、六月雪、天女花、日本厚朴、楸树、美国木豆树、翅荚香槐、国槐、大花溲疏、溲疏、太平花、山梅花、多花藨子、珍珠梅、东北珍珠梅、水榆花楸、灯台树、偃伏梾木、流苏树、雪柳、水蜡、北京丁香、暴马丁香、羽叶丁香、金叶女贞、小蜡、天目琼花、木本绣球、荚蒾、东陵八仙花、大花园锥绣球、七叶树、铁线莲、多花蔷薇、金银花。

（2）红花系列

合欢、胡枝子、凤凰木、石榴、粉花绣线菊、金焰绣线菊、金山绣线菊、玫瑰、什锦丁香、西南丁香、西蜀丁香、小叶丁香、多花蔷薇、十姐妹、贯叶忍冬、台尔曼忍冬、美丽忍冬、桃色忍冬、海仙花、大花紫薇、木槿、杜鹃、美国凌霄、凌霄、垂丝海棠、四川丁香、红丁香。

（3）黄花系列

米仔兰、十大功劳、梓树、紫檀、树锦鸡儿、金雀锦鸡儿、小叶锦鸡儿、北京锦鸡儿、小檗、细叶小檗、黄槐、栾树、金露梅、糠椴、秋胡颓子、沙枣、黄花忍冬。

（4）蓝、紫花系列

假色槭、东陵八仙花、毛丁香、辽东丁香、假连翘、荆条、紫薇、鸡血藤、多花紫藤、三叶木通。

8.3.2.3　秋花类

（1）白花系列

鹅掌柴、圆锥绣球、木芙蓉、木槿。

（2）红花系列

扶桑、多花胡枝子、红花羊蹄甲、羊蹄甲、月季、木槿、贯叶忍冬。

（3）黄花系列

扶桑、小花黄蝉、玉叶金花、黄钟花、黄槐、黄薇。

（4）蓝、紫花系列

二色茉莉、蓝花楹、假连翘、大叶醉鱼草。

8.3.3　观果类

8.3.3.1　红果（含橙红、粉红色）系列

罗汉松、南五味子、北五味子、金钱槭、臭檀、小檗、紫叶小檗、栾树、复羽叶栾树、全缘栾树、甘肃山楂、山楂、山荆子、毛樱桃、麦李、郁李、黄刺玫、水榆花楸、花楸、胶东卫矛、胡颓子、秋胡颓子、冬青、苦丁茶、枸杞、盘叶忍冬、美丽忍冬、黄花忍冬、金银木、紫枝忍冬、长白忍冬、贯叶忍冬、桃花忍冬、藏花忍冬、天目琼花、接骨木、珊瑚树、荚蒾、香荚蒾、中华常春藤、常春藤。

8.3.3.2　黑果（含紫黑、蓝黑色）系列

香茶藨子、山桃稠李、稠李、木通、刺五加、大果冬青、龟甲冬青、白檀、流苏树、女贞、小叶女贞、水蜡。

8.3.3.3　黄果系列

苦楝、贴梗海棠、银杏、大叶朴、山荆子、花红、海棠果、海棠花、杏、沙梨、南蛇藤、沙棘、假连翘、中华常春藤、常春藤、鹅掌柴。

8.3.3.4　白果系列

红瑞木、偃伏梾木、陕甘花楸（*Sorbus koehneana*）、湖北花楸（*S. hupehensis*）。

8.3.4　香花类

白玉兰、广玉兰、厚朴、日本厚朴、凹叶厚朴、北五味子、南五味子、苦楝、合欢、紫檀、刺槐、紫藤、多花紫藤、洋紫荆、贴梗海棠、稠李、玫瑰、

多花蔷薇、欧洲大叶椴、心叶椴、糠椴、海桐、金缕梅、胡颓子、秋胡颓子、沙枣、大果冬青、水蜡、什锦丁香、匈牙利丁香、紫丁香、北京丁香、暴马丁香、毛丁香、四川丁香、欧丁香、茉莉、桂花、小叶女贞、荆条、金银花、香荚蒾、鹅掌柴、锦绣杜鹃、云锦杜鹃、毛白杜鹃。

8.3.5 其他类型

8.3.5.1 招鸟类

矮紫杉、罗汉松、龟甲冬青、铁冬青、香樟、苦楝、女贞、日本女贞、荚蒾、东京樱花、郁李、毛樱桃、大山樱、平枝栒子、山楂、卫矛、海棠果、小檗、红瑞木。

8.3.5.2 引蝶类

大叶醉鱼草、黄连木、其他香花类植物（如芸香科柑橘属植物）。

附表 植物（树木）之间的相生相克关系

附表 1-1 一些园林植物异株克生作用

（根据程世抚 1977，李博 2002，林思祖 2002，彭惠兰 1997，邢勇 2002，赵风支 2000，赵梁军 2002 的资料整理）

植物名称(*A*)	相克园林植物种类(*B*)	抑制强度	抑制类型
黑胡桃(*Juglans nigra* L.)	松(*Pinus*)、苹果(*Malus pumila*)、桦木(*Betula*)	* * * * *	A > B
蓝桉(*Eucalyptus globules* Labill.)	所有草本植物	* * * * *	A > B
赤桉(*Eucalyptus camaldolensia Dehnhardt*)	所有草本植物	* * * * *	A > B
刺槐(*Robinia pseudoacacia* L.)	所有植物	* * * * *	A > B
丁香(*Syzyguium aromatkum* L.)	所有植物	* *	A > B
	铃兰(*Convallariakeiskei* Meq.)、紫罗兰(*Matthiola incana* R. Br.)	*	A < > B
	水仙(*Narcissus*)	* * *	A > B
月桂(*Laurus nobihs* Linn.)	所有植物	* * *	A > B
榆树(*Ulmus pumila* L.)	栎(*Quercus*)、白桦(*Betula platyPHylla* Suk.)	* *	A < > B
松(*Pinus*)	云杉(*Picea asperata* Mast.)	* *	A < > B
	桦(*Betula*)	*	A > B
	花椒(*Zanthoxylum bungeanum* Maxim.)	* * * *	A > B
葡萄(*Vitis vinifera* L.)	小叶榆(*Ulmus parvifolia* Jacq.)	* *	A > B
竹类	所有植物	* * * *	A > B
西伯利亚红松(*Pinus sibirica* Mayr.)	西伯利亚落叶松(*larix sibirica* Ledeb.)、西伯利亚云杉(*Picea obovata* Ledeb.)	*	A < > B
美国梧桐(*Platanus occidentalis* L.)	杂草	* * * * *	A > B
辐射松(*Pinus radiata* D. Don)	苜蓿(*Medicago* Linn.)	* * *	A > B
茄科(Solanaceae)	十字花科(Cruciferae)、蔷薇科(Rosaceae)	* *	A < > B
风信子(*Hyacinthus orientalis* L.)	蔷薇科(Rosaceae)	* * *	A > B
糖槭(*Acer saccharum* Marsh.)	一枝黄花(*Solidago rugosa*)	* * *	A > B

续附表 1-1

植物名称(A)	相克园林植物种类(B)	抑制强度	抑制类型
红松(*Pinus koraiensis* Sieb.)	蕨菜(*Pteridium aquilium*)	* *	A > B
	伞紫菀(*Aster umbellatus*)	* * *	A > B
土地衣(*Soillicheas*)	樟子松(*Pinus sylvestris* var. *mongolica* Litvin)、日本蕨菜(*P. aquilium* var. *japonica*)	* *	A > B
	光果一枝黄花(*solidago leiocarpa*)	* * *	A > B
桃(*Prunus percica Batsch*)	茶树(*Camelllia sinensis* O. Ktze.)	*	A > B
	挪威云杉(*Picea abies* Karst.)	* *	A > B
柑橘属(*Citrus* L.)	桉(*Eucalyptus*)	* * *	A > B
	花椒(*Zanthoxylum bungeanum* Maxim.)	*	A > B
接骨木(*Sambucus williamsii Hance*)	大叶钻天杨(*Populus baloamifera* L.)	*	A > B
	松树(*Pinus*)	* * * *	A > B
冰草(*Agropyrom cristaum caertn.*)	栎(*Quercus*)、苹果(*Maluspumila*)	* *	A > B
匐枝冰草(*Agropyrom michnoi Roshev.*)	加杨(*Populus Canadensis MoenCh*)、柽柳(*Tamarixchinensis Lour*)、苹果(*Malus pumila*)	*	A > B
鹅观草(*Roegneria kamoji Ohwi*)	加杨(*Populus Canadensis Moench*)、柽柳(*Tamarix Chnensis Lour*)	*	A > B
白屈莱(*Chehidonium majus* L)	松树(*Pinus*)、柽柳(*Tamarix chinensis Lour*)	*	A > B
赤松(*Pinus densiflora* Sieb.)	苋(*Amaranthus* L.)、狗尾草(*Setaria viridis Beauv.*)、牛膝(*Achyranthes japonica*)、缘毛紫菀(*Aster souliei Franch.*)	* *	A > B
香桃木(*Mynus bullata Banks et* Sol.)	亚麻(*Lihum usitatissimum* L.)	* * *	A > B
臭椿(*Ailanthus altissima Swingle*)	亚麻(*Lihum usitatissimum* L.)	* * * *	A > B
红三叶(*Trifolium pretense* Linn)	杂草	* * * *	A > B
蕨类(*Pteridium Geld*)	黑樱桃(*Cerasus maximowicaii* Kom.)、枫香(*Liquidambar formosana Hance*)	* * *	A > B
紫菀(*Aster tataricus* L. f.)	黑樱桃(*Cerasus maximowicaii* Kom.),枫香(*Liquidambar formosana* Hance)	* * * *	A > B
高羊茅(*Festuca elata Keng*)	狗牙根(*Cynodoil dactylon* Pers.)	* * *	A < > B

续附表 1-1

植物名称(*A*)	相克园林植物种类(*B*)	抑制强度	抑制类型
狗牙根(*Cynodon dactylon* Pers.)	早熟禾(*Poa annua* L.)、多花黑麦草(*Loli-ummultiflorum* Lam.)	*	*A*< >*B*
凤眼莲(*Eichhornia crassips* Solms.)	小球藻(*Chlorella vulgaris* Bejj.)	*	*A*< >*B*
高茎一枝黄花(*Solidago altissima*)	杂草	* * *	*A*>*B*
银胶菊(*Parthenium hystero PHorus* L.)	凤眼莲(*Eichhornia crassips* Solms.)	*	*A*>*B*
万寿菊(*Tagetes erecta* L.)	杂草	* * *	*A*>*B*
蟛蜞菊(*Wedelia chinensis* Merr.)	杂草	* * *	*A*>*B*

注:1. *A*>*B* 表示单向作用,仅 *A* 植物对 *B* 植物具有化感作用;*A*< >*B* 表示双向作用,*B* 植物也对 *A* 植物起化感作用。

2. * 表示作用强度,分为五个等级,越多表示作用强度越强。

附表 1-2 几种园林植物化感异株相生作用

(根据程世抚 1997,彭惠兰 1997,赵杨景 2000,和丽忠 2001 的资料整理)

植物类型	相生植物	作用强度	作用方向
黑果接骨木(*Sambucus melanocarpa Gray*)	云杉(*Picea asperata* Mast.)	*	*A*>*B*
七里香(*Elaeagnus angustifolia* L.)	皂荚(*gleditsia sinensis Lam*)、白蜡槭(*Acernegundo* L)	* *	*A*< >*B*
黄栌(*Cotinus coggygria* Scop)	七里香(*Elaeagnus angustifolia* L.)	* *	*A*< >*B*
红瑞木(*Cornus alba* L.)	白蜡槭(*Acer negundo* L)	* *	*A*< >*B*
檫树(*Sassafra tzumu* Hemsl)	杉树(*Cunnninghamia lanceolata* Hook)	*	*A*< >*B*
山核桃属(*Carya* Nutt.)	山楂(*Crataegus pinnatifida* Bunge)	*	*A*< >*B*
板栗(*Castanea mollissima* Blume)	油松(*Pinus tabulaeformis* Carr.)	*	*A*>*B*
芍药(*Paeonia lactiflora* Pall.)	牡丹(*Paeonia suffruticosa* Andr.)	* *	*A*>*B*
赤松(*Pinus densiflora* Sieb.)	桔梗(*Platycodon glandinorus* Siet.)、荻(*Miscanthus saccgarufkira* Maxim.)、结缕草(*Zoysia japonica* Steud.)、苍术(*Atractylodes lancea* Thunb. DC.)	*	*A*>*B*
尾叶桉(*Eucalyptus uroPHylla*)	彩色豆包菌(*Pisolithus tinctorius* Cok.)	* *	*A*>*B*
湿地松(*Pinus elliottii*)	彩色豆马勃(*Pisolithus tinctorius* Cok.)	* *	*A*>*B*

参考文献

[1] 约翰·O. 西蒙兹. 景观设计学（场地规划与设计手册）[M]. 北京：中国建筑工业出版社，2000.
[2] 叶振启，许大为. 园林设计 [M]. 哈尔滨：东北林业大学出版社，2000.
[3] 苏平. 园林植物环境 [M]. 哈尔滨：东北林业大学出版社，2005.
[4] 南京园林局. 南京园林科研所. 大树移植法 [M]. 北京：中国建筑工业出版社，2005.
[5] 谢平芳，单玉珍，邱兹容. 植物与环境设计 [M]. 北京：知音出版社，2000.
[6] 城镇规则与园林绿化规范 [M]. 北京：中国建筑工业出版社，2003.
[7] 赵世伟. 园林植物景观设计与营建 [M]. 北京：中国城市出版社，2001.
[8] 卢圣. 植物造景 [M]. 北京：气象出版社，2004.